全国技工院校数控加工类专业通用（中级技能层级）

数控机床编程与操作
（第四版　数控车床分册）
习题册

中国劳动社会保障出版社

简介

本习题册是全国技工院校数控加工类专业通用教材（中级技能层级）《数控机床编程与操作（第四版 数控车床分册）》的配套用书。本习题册紧扣教学要求，按照教材章节顺序编排，知识点分布均衡，题型丰富多样，难易配置适当，有助于学生复习巩固所学知识。

本习题册由魏小燕主编，吴丹、高进祥参编。

图书在版编目(CIP)数据

数控机床编程与操作（第四版 数控车床分册）习题册/魏小燕主编. -- 北京：中国劳动社会保障出版社，2018

全国技工院校数控加工类专业通用. 中级技能层级

ISBN 978-7-5167-3584-8

Ⅰ.①数… Ⅱ.①魏… Ⅲ.①数控机床-程序设计-技工学校-习题集②数控机床-操作-技工学校-习题集③数控机床-车床-程序设计-技工学校-习题集④数控机床-车床-操作-技工学校-习题集 Ⅳ.①TG659-44

中国版本图书馆 CIP 数据核字(2018)第 159737 号

中国劳动社会保障出版社出版发行

（北京市惠新东街 1 号 邮政编码：100029）

*

北京昌联印刷有限公司印刷装订 新华书店经销

787 毫米×1092 毫米 16 开本 7.25 印张 172 千字

2018 年 7 月第 1 版 2025 年 12 月第 11 次印刷

定价：12.50 元

营销中心电话：400-606-6496

出版社网址：http://www.class.com.cn

http://jg.class.com.cn

目　录

第一章　数控车床及其编程基础

第一节　数控车床概述

一、填空题（将正确答案填写在横线上）

1. 数控车床根据车床主轴的位置，可分成__________数控车床和__________数控车床两类。

2. 加工中心是指带有__________和__________的数控机床。

3. 数控车床根据其功能，可分成__________、__________和__________三类。

4. 数控车床主要由__________和数控系统两大部分组成。数控系统由程序的输入/输出装置、__________和__________三部分组成。

5. 卧式数控车床分为数控__________卧式车床和数控__________卧式车床。

6. 数控系统按控制运动轨迹类型可分为__________、__________和__________三种。

7. 数控机床伺服系统的控制方式有__________、__________和__________三种。

二、判断题（正确的，在括号内打“√”；错误的，在括号内打“×”）

1. 用于完成铣削加工和镗削加工的数控机床为数控铣床。（　　）
2. 数控车床属于直线控制的数控机床。（　　）
3. 全功能型数控车床一般采用前置刀架，车床采用倾斜床身结构。（　　）
4. 车削中心以车削加工为主并辅以铣削加工。（　　）
5. 有了数控车床就不需要普通车床了。（　　）

三、选择题（将正确答案的序号填写在横线上）

1. 下列机床中不是数控机床的是________。
   A. 数控铣床　　B. 车削中心
   C. 线切割机床　　D. 仪表车床
2. 高精度数控机床采用________伺服系统控制。
   A. 开环　　B. 闭环　　C. 半闭环　　D. 以上均可
3. 多品种、小批量、轮廓复杂的零件适合________加工。
   A. 普通机床　　B. 专用机床　　C. 数控机床　　D. 以上均可
4. 下列数控系统中，________是国产系统。
   A. FANUC 0i TC　　B. GSK928T

C. SIEMENS 840D　　D. 大森

5. 经济型数控车床不能加工________。

A. 键槽　　B. 孔　　C. 端面槽　　D. 内螺纹

6. 闭环进给伺服系统与半闭环进给伺服系统的主要区别在于________。

A. 位置控制器　　B. 检测单元

C. 伺服单元　　D. 控制对象

四、简答题

1. 什么是数控机床?

2. 简述数控机床的分类。

3. 简述数控车床的分类。

4．将下列左侧的英文缩写与右侧相对应的中文名称用直线连接起来。

NC	刀具自动交换装置
CNC	美国电子工业协会
ISO	国际标准化组织
DNC	计算机集成制造系统
FMS	数控
FMC	计算机数字控制机床
CIMS	直接数字控制
EIA	柔性制造单元
ATC	柔性制造系统

第二节　数控加工与数控编程概述

一、填空题（将正确答案填写在横线上）

1．数控加工是指在____________上____________加工零件的一种____________。

2．数控车床具有__________、____________以及在加工过程中能____________的特点。

3．数控系统可以识别的____________称为程序，制作程序的过程称为____________。

4．数控编程可分为____________和____________两类。

5．手工编程比较适合____________、____________、计算方便、轮廓由____________或____________组成的零件的加工。

6．实现自动编程的方法主要有____________自动编程和____________自动编程两种。其中，后者利用____________软件生成加工程序。

7．简单的数控程序直接采用____________输入机床。当程序自动输入机床时，必须制作____________。

8．计算机数控模拟校验的方式只能进行____________、____________的校验。

9．数控车床的____________及____________的设定通常采用刀具位置补偿的方法进行。

10．数控编程的过程不仅指编写数控加工指令的过程，还包括从____________到编写____________，再到制成____________以及____________的全过程。

二、判断题（正确的，在括号内打“√”；错误的，在括号内打“×”）

1．手工编程是指编制加工程序的全过程都是由手工来完成的。（　　）

2．具有非圆曲线的零件只能采用自动编程。（　　）

3．自动编程是指通过计算机自动编制数控加工程序的过程。（　　）

4．数控车床编程中，X 方向的脉冲当量是 Y 方向的 1/2。（　　）

5．要校验加工精度，就要进行首件试切校验。（　　）

6．数控编程的过程不包含制成控制介质。（　　）

7．语言式自动编程是采用人机对话的处理方式生成加工程序。（　　）

8. 手工编程的特点是效率高、程序正确性好。 ( )

9. 数控加工的实质是根据加工程序，自动对零件进行加工。 ( )

10. 数控程序通过模拟确认正确无误后，便可进入数控加工阶段。 ( )

三、选择题（将正确答案的序号填写在横线上）

1. 数控机床空运行主要用于检查________。

A. 程序编制的正确性　　B. 刀具轨迹的正确性

C. 机床运行的稳定性　　D. 加工精度的正确性

2. 现在常用的控制介质有________。

A. 软盘、硬盘和移动存储器　　B. 穿孔纸带、硬盘和移动存储器

C. 软盘、穿孔纸带和移动存储器　　D. 软盘、穿孔纸带和硬盘

3. 数控车床编程的特点不包含________。

A. 混合编程　　B. 固定循环简化编程

C. 采用刀尖圆弧半径补偿　　D. 采用刀具位置补偿

4. FANUC 系统中，采用增量方式编程时由________指定。

A. G90 指令　　B. 地址符 U 和 W

C. G91 指令　　D. 地址符 U 和 V

5. 手工编程时分析零件图样不包含________。

A. 零件尺寸精度　　B. 零件热处理要求

C. 零件表面粗糙度　　D. 零件的定位、夹紧方式

6. 数控加工不包括________。

A. 选择刀具　　B. 误差分析

C. 试切削　　D. 绘制零件图

7. 数控车床不适合加工________。

A. 轴套类零件　　B. 盘类零件

C. 形状复杂的叉架类零件　　D. 带特殊轮廓的回转类零件

8. 下列叙述正确的是________。

A. 为了便于加工，数控系统采用多种形式的固定循环

B. 程序输入数控机床要通过控制介质

C. 试切削除了用来检验加工精度，还能校验程序

D. 一般情况下，数控车床 X 向和 Z 向的脉冲当量均为 0.001 mm

四、简答题

1. 什么是数控加工？其实质是什么？

2. 简述数控加工的内容。

3. 简述数控编程的种类及各自的特点。

4. 试说明数控车床的编程特点。

5. 简述手工编程的步骤。

第三节　数控车床编程基础知识

一、填空题（将正确答案填写在横线上）

1. 数控车床的加工动作主要分为________的运动和________的运动两部分。

2. 确定机床坐标系的方向时规定：永远假定________相对于静止的________而运动。

3. 在笛卡儿坐标系中，________正方向为拇指的指向，________正方向为食指的指向，________正方向为中指的指向。

4. *X* 坐标一般为________方向并垂直于________。

5. 数控车床的第一参考点通常位于________正向移动的________位置。

6. 工件坐标系原点是指工件装夹完毕后，选择________上的某一点作为编程或工件加工的________。

7. 数控车床的机床原点可以设在________或刀架位移的________。

8. ________远离________的方向为该坐标轴的正方向。

9. 一个完整的程序由________、________和________三部分组成。

10. 程序内容由许多________组成，每个程序段由一个或多个________构成。

11. 可以作为程序结束标记的 M 指令有________和________。

12. 程序段格式有________程序段格式、________程序段格式和________程序段格式三种。

13. 数据字由表示地址的________、________和________组成。

14. 程序段内容包含________、________、________、________、________、________六个基本要素。

15. 程序执行是按信息在存储器内的________一段一段执行，其先后次序与________无关。

16. FANUC 系统程序号以字母________和________组成。

二、判断题（正确的，在括号内打“√”；错误的，在括号内打“×”）

1. 在数控机床上加工零件时，机床的动作是由伺服系统发出指令来控制的。（　　）

2. 转动轴 *A* 轴的旋转轴线与 *Z* 轴平行。（　　）

3. 机床坐标系也叫标准坐标系。（　　）

4. 机床参考点是一个固定点，不允许用户更改。（　　）

5. 机床参考点与机床原点的距离由用户设定，其值不能为零。（　　）

6. 所有数控机床开机后必须使机床返回参考点。（　　）

7. 数控车床的工件坐标系 *Z* 向原点可以选择在工件的左端面。（　　）

8. 机床坐标系不能通过编程来进行改变。 (　　)
9. 不同的数控系统，其程序格式基本相同。 (　　)
10. 同一数控系统中程序号不能重复。 (　　)
11. 程序号写在程序的最前面，必须单独占一行。 (　　)
12. 书写 FANUC 系统程序号时，数字前的零可以不写。 (　　)
13. 程序段号在程序中的大小、次序可以颠倒，也可以省略。 (　　)
14. 程序段中不一定包含所有的功能字。 (　　)
15. 在程序段前加上斜杠跳跃符号后，程序执行时会跳过该程序段。 (　　)
16. 程序的注释不能插在地址和数字之间，对机床动作没有影响。 (　　)

三、选择题（将正确答案的序号填写在横线上）

1. 机床返回参考点的目的是________。
   A. 反推机床原点的位置　　B. 反推编程原点的位置
   C. 建立工件坐标系　　D. 反推换刀点的位置
2. 数控编程时，应首先设定________。
   A. 机床原点　　B. 机床参考点
   C. 机床坐标系　　D. 工件坐标系
3. 确定数控机床坐标轴时，一般应先确定________。
   A. X 轴　　B. Y 轴　　C. Z 轴　　D. A 轴
4. 用户不能更改的固定点是________。
   A. 参考点　　B. 编程原点
   C. 机床原点　　D. 换刀点
5. 以下对经济型数控车床的描述正确的是________。
   A. 控制轴数为 3，联动轴数为 2　　B. 控制轴数为 2，联动轴数为 2
   C. 控制轴数为 3，联动轴数为 3　　D. 控制轴数为 2，联动轴数为 0
6. 符合 FANUC 系统程序号要求的是________。
   A. O0010　　B. %0010　　C. AA10　　D. 0010
7. FANUC 系统子程序结束标记是________。
   A. M17　　B. M30　　C. M99　　D. RET
8. 不能作为程序段结束标记的是________。
   A. *　　B. ;　　C. LF　　D. RET
9. SIEMENS 系统程序号不包含________。
   A. 字母　　B. 数字　　C. 汉字　　D. 下划线
10. 以下叙述中错误的是 ________。
   A. 每一个储存在系统中的数控程序必须制定一个程序号
   B. 程序段由一个或多个指令构成，表示数控机床的全部动作
   C. 在大部分系统中，程序段号仅作为“跳转”或“程序检索”的目标位置指示
   D. FANUC 系统的程序注释用“( )”括起来，SIEMENS 系统的程序注释跟在“;”后

四、名词解释

1．机床坐标系

2．机床原点

3．参考点

4．工件坐标系

五、简答及计算题

1．如何选择数控车床编程原点？

2．简述数控车床坐标系中各坐标轴的位置及方向的确定方法。

3．试计算图 1—1 中 *A* 点到 *F* 点在工件坐标系中的坐标。

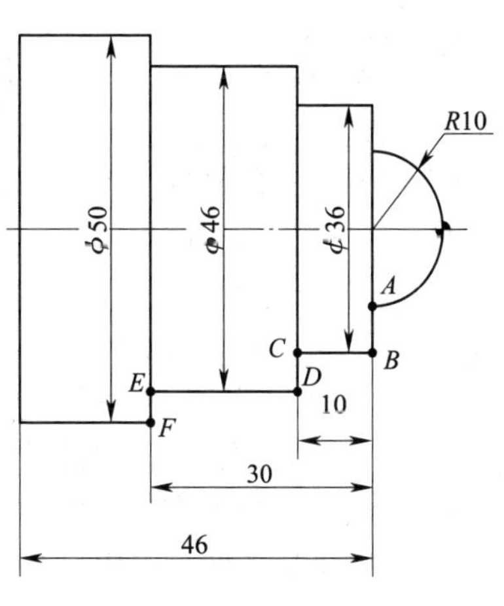

图 1—1

4. 试计算图 1—2 中 *A* 点到 *D* 点在工件坐标系中的坐标。

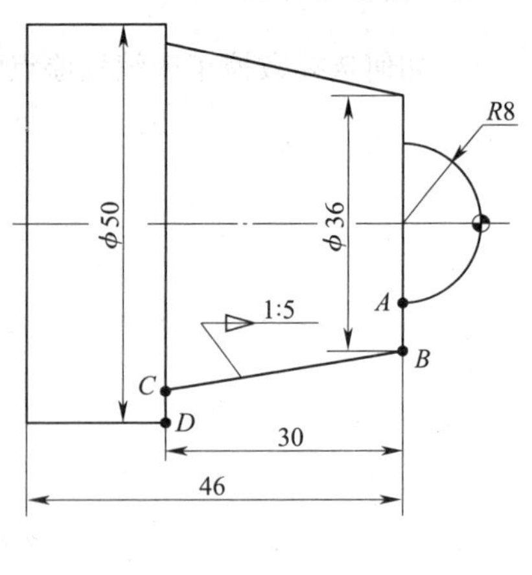

图 1—2

第四节　数控机床的有关功能及规则

一、填空题（将正确答案填写在横线上）

1. 数控系统常用的系统功能有__________、__________和__________三种。

2. 常用刀具功能的指定方法有__________和__________。

3. 辅助功能主要控制__________或__________的开、关等辅助动作。

4. T4 位数法四位数的前两位数用于指定____________，后两位数用于指定________________。

5. “G98 G01…F1.5”表示刀具的进给速度是__________，“G97 G01…S50”表示主轴的转速为__________。

6. 根据加工的需要，进给功能分__________进给和__________进给两种，其单位分别用__________和__________表示。

7. 主轴正转用指令__________表示，主轴反转用指令__________表示，主轴停转用指令__________表示。

8. 在一个程序段内一经指定，在接下来的程序段中一直持续有效的指令称为__________，仅在编入的程序段内有效的指令称为__________。

9. 开机默认指令在__________或__________时自动生效。

10. *XY* 坐标平面可以用__________表示，*ZX* 坐标平面可以用__________表示，*YZ* 坐标平面可以用__________表示。

二、判断题（正确的，在括号内打“√”；错误的，在括号内打“×”）

1. G 指令由地址 G 和后面的两位数字组成，从 G00 到 G99 一共只有 100 种。（ ）
2. 同一程序段中，既有 M 指令又有其他指令时，先执行 M 指令。（ ）
3. 数控车床的刀具功能大多采用 T4 位数法。（ ）
4. 编程时可用 F0 来使进给停止。（ ）
5. 编程时可用 S0 来使主轴转速停止。（ ）
6. 尺寸功能字如出现前后程序段的重复，该尺寸功能字可以省略。（ ）
7. SIEMENS 系统中，地址符 U、W 组成的坐标功能字表示增量坐标。（ ）
8. 米制、英制对旋转轴无效，旋转轴的单位总是度。（ ）
9. 有的数控系统不用小数点编程时，输入单位为机床的最小输入单位。（ ）
10. 采用 FANUC 系统的数控车床开机默认的平面选择指令为 G17。（ ）
11. 数控车床编程有绝对值和增量值之分，在一个程序段中不允许它们同时存在。（ ）
12. G 代码有模态、非模态之分，M 代码没有模态、非模态之分。（ ）

三、选择题（将正确答案的序号填写在横线上）

1. 下列指令中，________是模态指令。

A. G90、G98、M03　　B. G90、G00、M06
C. G21、G90、M00　　D. G90、G04、M04

2. ________是 FANUC 系统中表示点的混合坐标。

A. U20.0　W10.0　　B. X20.0　Z10.0
C. X20.0　W10.0　　D. X20.0　Z = IC（10.0）

3. FANUC 系统中表示英制增量值的指令是________。

A. G91 G20　　B. G90 G20
C. G21 G91　　D. G90 G21

4. 数控车床中，数控装置的脉冲当量一般为________mm。

A. 0.01　　B. 0.001　　C. 0.000 1　　D. 0.1

5. 下列指令中，________是辅助功能指令。

A. G90　　B. S600　　C. Y90.0　　D. M04

6. 下列指令中，用以控制切削过程中切削速度为 100 m/min 的指令是________。

A. G50 S100　　B. G96 S100
C. G97 S100　　D. G98 S100

7. 数字单位以脉冲当量作为最小输入单位时，指令“G01 U100”表示移动距离为________mm。

A. 100　　B. 10　　C. 0.1　　D. 0.001

8. 下列 FANUC 系统指令中，用于表示转速单位为“r/min”的 G 指令是________。

A. G96　　B. G97　　C. G98　　D. G99

9. 已知工件直径为 *D*，转速为 1 000 r/min，则其切削线速度为________m/min。

A. πD　　B. $2\pi D$　　C. $1\,000\pi D$　　D. $\pi D/1\,000$

10. “G00 G01 G02 G03 X100.0 …;” 该指令中实际有效的 G 代码是________。

A. G00　　B. G01　　C. G02　　D. G03

四、读图题

根据如图 1—3 所示点的相互位置填写坐标。

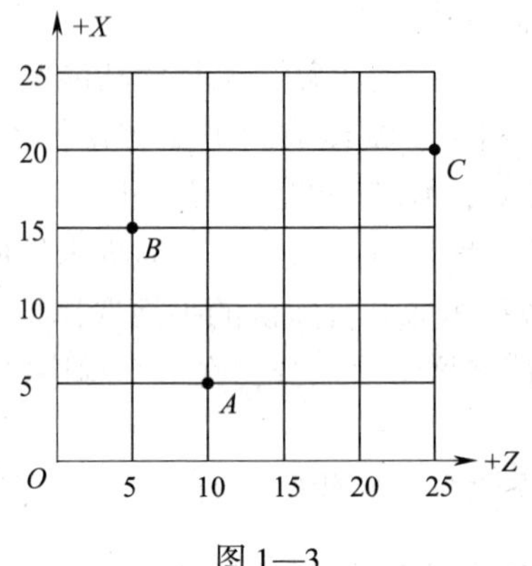

图 1—3

A 点绝对坐标：X ____________ Z ____________。

B 点绝对坐标：X ____________ Z ____________。

C 点绝对坐标：X ____________ Z ____________。

B 点相对于 *A* 点的增量坐标：U ____________ W ____________。

B 点相对于 *C* 点的增量坐标：U ____________ W ____________。

C 点相对于 *A* 点的增量坐标：U ____________ W ____________。

五、简答及计算题

1. 什么是脉冲当量？

2. 什么是指令分组？

3. 加工某一工件，已知主轴转速 n 为600 r/min，车削工件直径 D 为30 mm，求线速度 v。

4. 加工某一工件，已知工件直径 D 为40 mm，要求切削速度 v 控制在150 m/min，求主轴转速 n。

第五节　数控车床编程中的常用功能指令

一、填空题（将正确答案填写在横线上）

1. 快速点定位指令为____________，直线插补指令为____________，直线插补指令中必须含有____________指令。

2. 指令“G01 X(U) __ Z(W) __ F __;”中的“X __ Z __ ”为刀具______________；“U __ W __ ”为____________相对于起始点的____________。

3. 指令“G02(03) X __ Z __ I __ K __;”中的“I __ K __ ”为圆弧的____________相对其____________并分别在 X 和 Z 坐标轴上的____________。

4. 编程中圆弧半径 R 有正值与负值之分。当圆弧圆心角____________时，程序中的 R

用正值表示；当圆弧圆心角＿＿＿＿＿＿时，R 用负值表示。

5. 与返回参考点相关的编程指令主要有 G27、G28、G29 三种。其中，G27 是指＿＿＿＿＿＿＿＿＿＿，G28 是指＿＿＿＿＿＿＿＿＿＿，G29 是指＿＿＿＿＿＿＿＿＿＿。

6. G54 为＿＿＿＿＿＿指令，在 FANUC 系统中相似的指令共有＿＿＿＿＿＿个，通过＿＿＿＿＿＿设定。

7. FANUC 系统通过 G50 设定的＿＿＿＿＿＿，由刀具的＿＿＿＿＿＿及 G50 指令后的＿＿＿＿＿＿反推得出。

8. M00 指令为＿＿＿＿＿＿。该指令执行后，机床＿＿＿＿＿＿会被暂停，要继续执行 M00 后面的程序必须按下＿＿＿＿＿＿按钮。

9. FANUC 系统中，M02 指令表示＿＿＿＿＿＿，M08 指令表示＿＿＿＿＿＿，M99 指令表示＿＿＿＿＿＿。

10. G28 指令执行时，刀具先快速定位到＿＿＿＿＿＿，其目的是防止刀具与＿＿＿＿＿＿或＿＿＿＿＿＿发生干涉。

11. 指令“G01 X(U) __ C __ F __;”中的“X(U) __”为＿＿＿＿＿＿＿＿＿＿＿＿＿＿，“C __”为＿＿＿＿＿＿＿＿。

12. 指令“G01 X __ Z __ RND = __ F __;”中的“X __ Z __”为＿＿＿＿＿＿＿＿＿＿，“RND = __”为＿＿＿＿＿＿。

二、判断题（正确的，在括号内打“√”；错误的，在括号内打“×”）

1. G00 指令的轨迹既可以是直线轨迹，也可以是折线轨迹；而 G01 指令的轨迹则必定是直线轨迹。（ ）

2. 执行指令“G28 X50.0 Z20.0;”时，刀具直接从当前点返回机床 *X*、*Z* 轴的参考点。（ ）

3. 执行指令“G00 U50.0 W50.0;”时，刀具从当前点快速定位至工件坐标系中的点(50.0，50.0) 处。（ ）

4. 在 FANUC 系统数控车床中，切削液开用 M08 表示，切削液关用 M09 表示。（ ）

5. 当按下机床操作控制面板上的“选择停止”开关后，M01 的执行过程和 M00 的执行过程相同。（ ）

6. G29 指令只能出现在 G28 指令的后面。（ ）

7. 指令“G02(03) X __ Z __ I __ K __;”中的 I 值为直径量。（ ）

8. 指令“G02 X __ Y __ R __;”不能用于编写整圆的插补程序。（ ）

9. 圆弧编程中的 I、K 值和 R 值均有正负值之分。（ ）

10. G00、G01 的运动轨迹路线相同，只是设计速度不同。（ ）

11. 圆弧加工指令是指从 *Y* 轴负方向看，顺时针用 G02 表示。（ ）

12. G00 指令中不加“F”也能进行快速定位。（ ）

13. 上一程序段中有了 G02 指令，下一程序段如果是顺圆切削，则 G02 可省略。（ ）

14. SIEMENS 系统的子程序结束返回主程序指令为 M99。（ ）

15. G50 设定工件坐标系后，断电不能保存。（ ）

16. FANUC 系统的倒角指令可用于任何角度的两相交直线的倒角。 ( )

17. 在 SIEMENS 系统中，倒角指令“CHF”后的“ = ”不能省略。 ( )

18. 在倒角指令中，“CHF __”为倒角的直角边长。 ( )

三、选择题（将正确答案的序号填写在横线上）

1. 下列轨迹中，G00 的轨迹可能是________。

A. 直线　B. 斜直线　C. 折线　D. 以上皆有可能

2. 下列指令中，无须用户指定速度的指令是________。

A. G00　B. G01　C. G02　D. G03

3. 当执行完程序段“G00 X20.0 Z30.0；G01 X10.0 W20.0 F0.2；U -40.0 W -70.0；”后，刀具所到达的工件坐标系的位置为________。

A. X -40.0 Z -70.0　B. X -30.0 Z -50.0

C. X -30.0 Z -20.0　D. X -10.0 Z -20.0

4. 加工如图 1—4 所示 *AB* 和 *CD* 圆弧，所使用的指令分别为________。

A. G02 G03　B. G03 G02　C. G02 G02　D. G03 G03

5. 加工如图 1—5 所示圆弧，以下正确的圆弧指令是________。

A. G02 X50.0 Z150.0 R100.0；

B. G02 X50.0 Z150.0 R -100.0；

C. G03 X50.0 Z150.0 R100.0；

D. G03 X50.0 Z150.0 R -100.0；

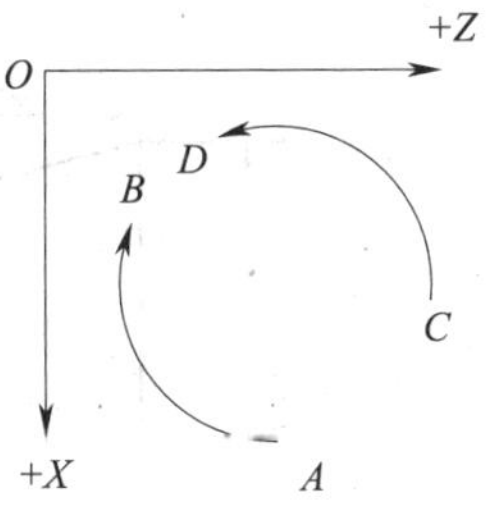

图 1—4

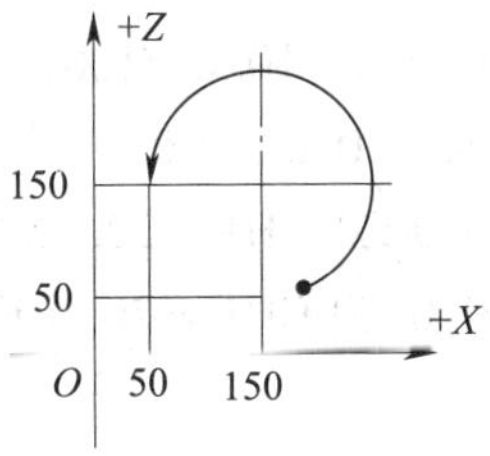

图 1—5

6. 如图 1—5 所示圆弧，对圆弧 I 值和 K 值正负判断正确的是________。

A. +I +K　B. +I -K　C. -I +K　D. -I -K

7. 在数控加工中，如果圆弧指令后的半径遗漏，则机床按________执行。

A. 直线指令　B. 圆弧指令　C. 停止　D. 报警

8. 圆弧编程中的 I、K 值是指________的矢量值。

A. 起点到圆心　B. 终点到圆心

C. 圆心到起点　D. 圆心到终点

9. 执行下列指令，不会使机床产生任何运动，但会使机床屏幕显示的坐标值发生变化的指令是________。

A. G00 X __ Z __；　B. G01 X __ Z __；

C. G03 X __ Z __;　　D. G92 X __ Z __;

10. FANUC 系统返回参考点指令“G28 U0 W0;”中的“W0”是指________。

A. Z 向参考点　　B. 工件坐标系 Z0 点

C. Z 向中间点与刀具当前点重合　　D. Z 向机床原点

11. 圆弧指令中的 K 表示圆心坐标________的分量。

A. 在 X 轴上　　B. 在 Y 轴上

C. 在 Z 轴上　　D. 在 U 轴上

12. M 代码初始状态：M05 主轴停转，________冷却泵停。

A. M06　　B. M07　　C. M08　　D. M09

13. 程序结束并且光标返回程序开始处的代码是________。

A. M00　　B. M02　　C. M30　　D. M03

14. 下列关于 G54 与 G50 的说法不正确的是________。

A. G54 与 G50 都是用于设定工件坐标系的

B. G50 是通过程序来设定工件坐标系的，G54 是通过 CRT/MDI 在设置参数方式下设定工件加工坐标系的

C. G50 所设定的工件坐标系原点与当前刀具所在位置无关

D. G54 所设定的工件坐标系原点与当前刀具所在位置无关

15. G00 的指令移动速度值由________。

A. 机床参数指定　　B. 数控程序指定

C. 操作面板指定　　D. 随机指定

16. 可以加工如图 1—6 所示图形的倒角指令是________。

A. G01 X40.0 C－10.0 F100;

B. G01 Z0 C－20.0 F100;

C. G01 X40.0 Z0 CHF＝22.36 F100;

D. G01 X40.0 Z0 CHF＝20.0 F100;

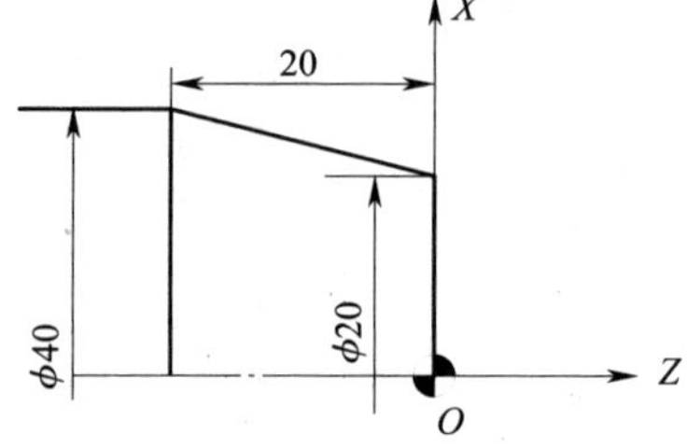

图 1—6

四、简答题

1. 简述 G00 与 G01 的区别。

2. 写出 G02/G03 指令的格式及各参数的含义，并简述顺逆圆弧插补的判别方法。

3. 找出下列数控车程序中的错误之处或不规范之处，说明原因，并加以修改。

```
O12345;
N10 G98 G99 G21 G40;
N20 G00 X100.0 Z100.0;
N30 T0101;
N40 G00 Z52.0 Z2.0;
N50 M30 S600;
N60 G01 X40.0;
N70 G91 Z-32.0;
N80 G03 X50.0 Z-35.0;
 ⋮
N150 GOTO 15;
N160 G00 X100.0 Y100.0;
N170 M05;
N180 M99;
```

4. 分别选择绝对坐标和增量坐标方式并采用 G01 指令编写如图 1—7 所示 *O* 点到 *D* 点的加工指令，然后将其填入表 1—1 中。

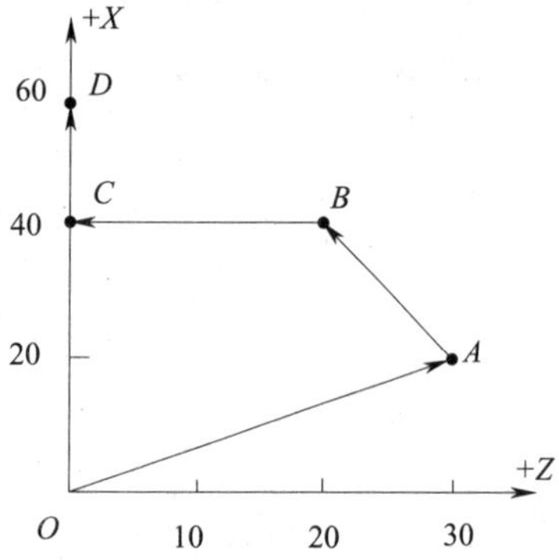

图 1—7

表 1—1

绝对坐标	增量坐标	坐标点
⋮	⋮	⋮
G00 X0 Z0；	G00 X0 Z0；	*O* 点
		A 点
		B 点
		C 点
		D 点
⋮	⋮	⋮

5. 分别用 I、J 及 R 的编程方法编写如图 1—8 所示点 *A* 到点 *B* 四段圆弧的加工指令，然后将其填入表 1—2 中。

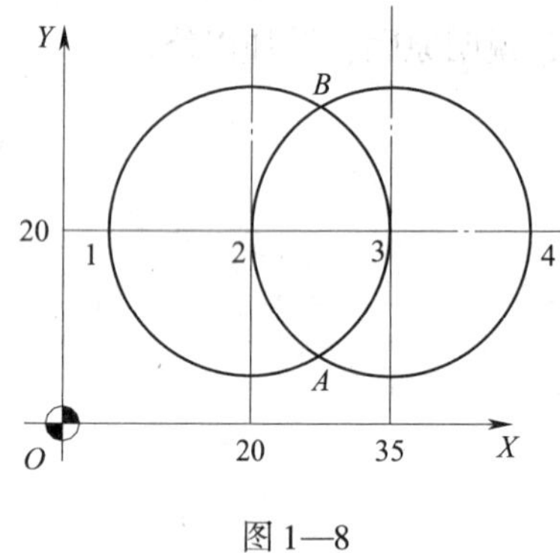

图 1—8

表 1—2

圆弧段 1	圆弧段 3
G __ U __ V __ R； G __ X __ Y __ I __ J __；	G __ U __ V __ R __； G __ X __ Y __ I __ J __；
圆弧段 2	圆弧段 4
G __ U __ V __ R __； G __ X __ Y __ I __ J __；	G __ U __ V __ R __； G __ X __ Y __ I __ J __；

6. 完成如图 1—9 所示工件点 *O* 到 *C* 的加工程序，然后将其填入表 1—3 中。

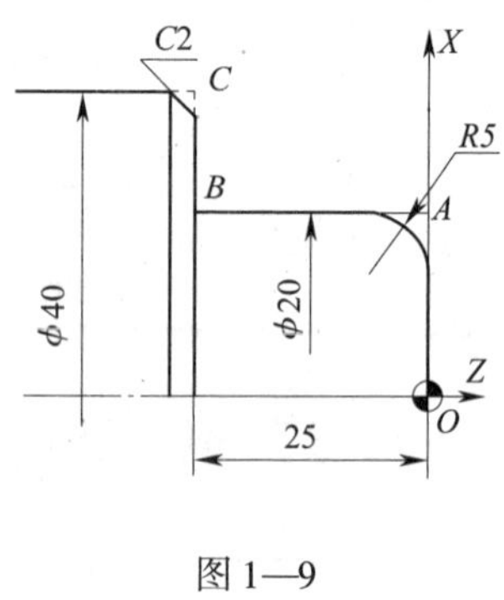

图 1—9

表 1—3

FANUC 系统	SIEMENS 系统	坐标点
⋮	⋮	⋮
G01 X0 Z0 F100；	G01 X0 Z0 F100；	*O* 点
		A 点
		B 点
		C 点
⋮	⋮	⋮

第六节 基础编程综合实例

1. 已知某工件的加工起点为坐标原点，X、Y 快进速度为 1 500 mm/min，程序如下：

```
O0001;
N10 G98 G40 G21;
N20 T0101;
N30 G00 X100.0 Z100.0;
N40 M03 S600;
N50 G00 X52.0 Z2.0;
N60 G01 X20.0;
N70 Z-15.0;
N80 G03 U0 Z-20.0 K-5.0;
N90 G01 W-10.0;
N100 G02 U16.0 Z-38.0 I8.0;
N110 G01 X52.0;
N120 G00 X100.0 Z100.0;
N130 M30;
```

（1）分析程序，并完成表 1—4。

表 1—4

执行的程序段号	起点坐标（X，Y）	终点坐标（X，Y）	圆弧半径（mm）	进给速度（mm/min）	主轴转速（r/min）
N50					
N60					
N70					
N80					
N90					
N100					

（2）在图 1—10 中画出刀具中心在 *ZX* 平面上的运动轨迹。

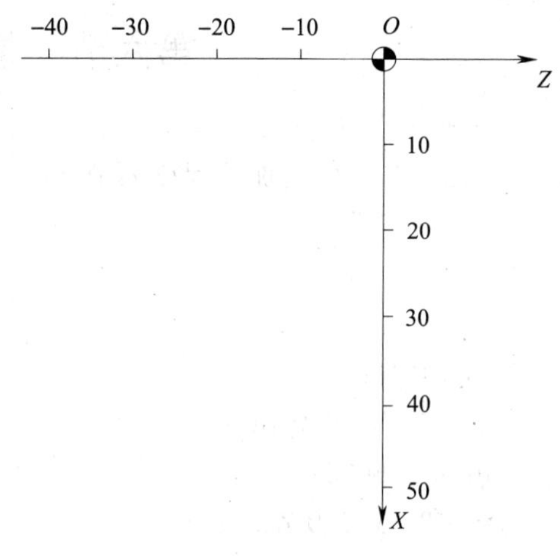

图 1—10

2. 试编写如图 1—11 所示工件的精加工程序。

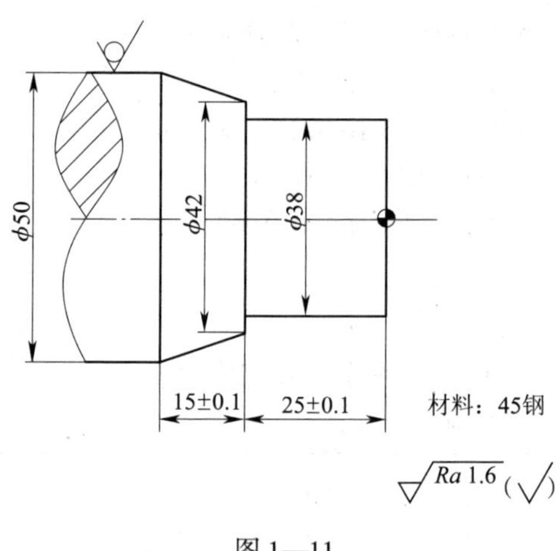

图 1—11

3. 试编写如图 1—12 所示工件的精加工程序。

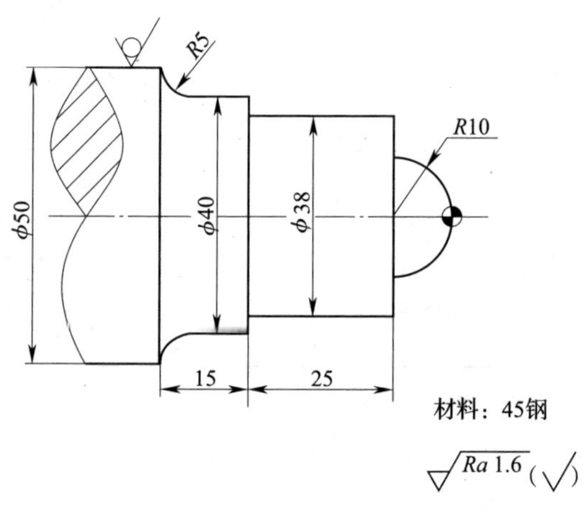

图 1—12

4．编写如图 1—13 所示工件加工程序（毛坯直径 50 mm）。

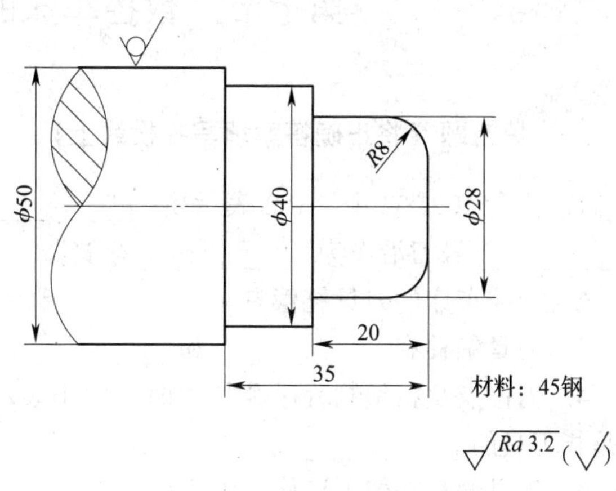

图 1—13

5．编写如图 1—14 所示工件加工程序（毛坯直径 50 mm）。

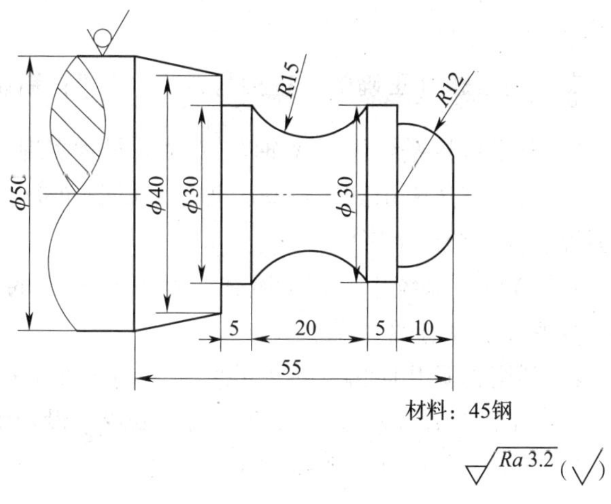

图 1—14

第七节　数控车床的刀具补偿功能

一、填空题（将正确答案填写在横线上）

1. 指令 T02D02 中，T02 表示换________________，D02 为用________________号刀的____________号刀沿作为____________存储器。

2. 数控车床的刀具补偿有____________和____________两种。

3. 刀具偏移有____________和____________两种。

4. 刀位点是指编制程序和加工时，用于表示____________的点，尖形车刀的刀位点通常是指刀具的____________。

5. 刀具偏移功能可以修正因为____________或____________等原因造成的加工误差。

6. 数控车床使用刀尖圆弧半径左补偿时，向着____________坐标轴的负方向并沿着刀具的____________看，刀具处在加工轮廓的____________。

7. 根据刀尖的____________和____________的不同，数控车刀的刀沿位置共有____________种。

8. 刀尖圆弧半径补偿过程分为____________、____________和____________三步。

9. 数控车床采用圆弧车刀加工圆弧面，如不采用刀尖圆弧半径补偿，则加工外凸圆弧时，会使加工后的圆弧半径变____________；加工内凹圆弧时，会使加工后的圆弧半径变____________。

10. 刀尖圆弧半径补偿指令中，G41 表示____________，G42 表示____________，G40 表示____________。

二、判断题（正确的，在括号内打"√"；错误的，在括号内打"×"）

1. 车床数控系统规定 *X* 轴与 *Z* 轴可同时实现刀具偏置。（　　）

2. 数控车床采用圆弧形车刀加工外圆锥面时，如果不采用刀尖圆弧半径补偿，则加工对圆锥的锥度会产生影响。（　　）

3. FANUC 系统中，刀尖圆弧半径补偿模式的建立与取消程序段只能在 G00 或 G01 移动指令模式下才有效。（　　）

4. 利用刀具几何偏移对刀的实质是使工件坐标系原点与参考点重合。（　　）

5. FANUC 系统数控车床刀具几何偏置中设定的值必须为正值。（　　）

6. 前置刀架内孔车刀的刀沿号为 2 号，而后置刀架内孔车刀的刀沿号则为 3 号。（　　）

7. 螺纹车刀的刀尖具有 *R*0. 3 mm 的圆角，所以该刀具的刀位点是圆弧的圆心。（　　）

8. 数控车床采用圆弧形车刀加工外圆柱表面时，如果不采用刀尖圆弧半径补偿，则加工后圆柱尺寸将变大。（　　）

9. 数控车床子程序中不能使用刀尖圆弧半径补偿。（　　）

10. FANUC 系统数控车床用指令“T××D××”中的参数“D××”来指定刀尖圆弧半径的大小。 (　　)

三、选择题（将正确答案的序号填写在横线上）

1. 由于刀具的几何形状不同和刀具安装位置不同而产生的刀具偏置称为________。

A. 刀尖圆弧半径补偿　　B. 刀具几何偏置

C. 刀具磨损偏置　　D. 刀尖圆弧半径磨耗

2. 数控车床采用圆弧形车刀加工外圆锥面时，如果不采用刀尖圆弧半径补偿，则加工后锥面的大小端实际尺寸与既定尺寸相比会________。

A. 变大　　B. 变小

C. 没有变化　　D. 可能变大也可能变小

3. 如图 1—15 所示，采用刀尖圆弧半径右补偿编程的刀具号是________。

A. T01 和 T03　　B. T02 和 T03

C. T01 和 T04　　D. T02 和 T04

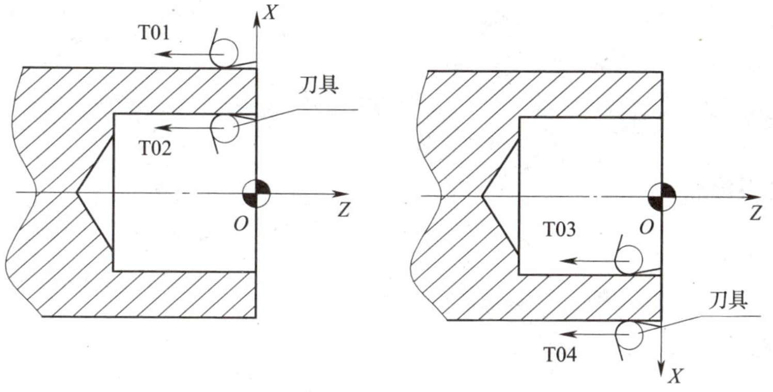

图 1—15

4. 如图 1—15 所示，T04 刀具采用的刀沿号是________。

A. 1 号　　B. 2 号　　C. 3 号　　D. 4 号

5. 如图 1—15 所示，刀沿号是 2 号的刀具有________。

A. T01 和 T03　　B. T02 和 T03

C. T01 和 T04　　D. T02 和 T04

6. 如图 1—16 所示外圆车刀，刀具的刀位点是指图中的________点。

A. A　　B. B

C. C　　D. D

7. 在 FANUC 系统的刀具补偿模式下，一般不允许存在连续________段以上的非补偿平面内移动指令。

A. 1　　B. 2

C. 3　　D. 4

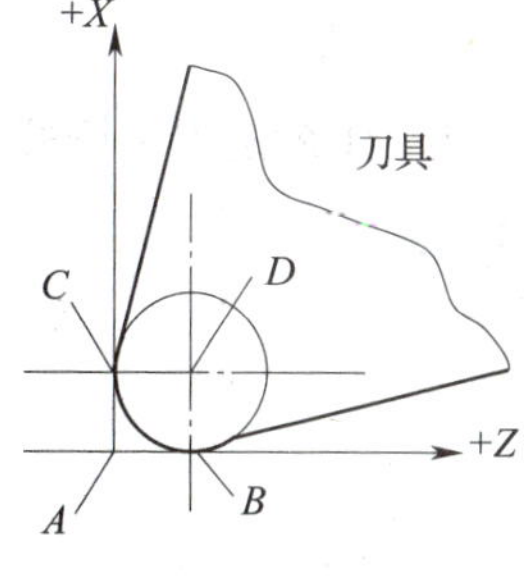

图 1—16

8．外圆切槽刀具有两个刀尖，这两个刀尖的刀沿号分别为________。

A．1 号和 2 号　　B．2 号和 3 号

C．3 号和 4 号　　D．4 号和 5 号

9．加工时不使用刀尖圆弧半径补偿也不会有影响的是________。

A．外凸圆弧半径　　B．锥面小端尺寸

C．内凹圆弧半径　　D．圆柱面直径

10．刀位点不是刀具刀尖的数控车刀是________。

A．外螺纹车刀　　B．内孔车刀

C．外切槽刀　　D．圆弧车刀

四、简答题

1．什么是换刀点？

2．什么是刀位点？

3．什么是刀具补偿？

4．什么是刀尖圆弧半径补偿？

5. 简述利用刀具几何偏移对刀操作的过程。

6. 简述刀尖圆弧半径补偿的过程及补偿偏置方向判别的方法。

五、编程题

1. 编写使用刀具补偿加工如图 1—17 所示工件的精加工程序（毛坯直径 50 mm）。

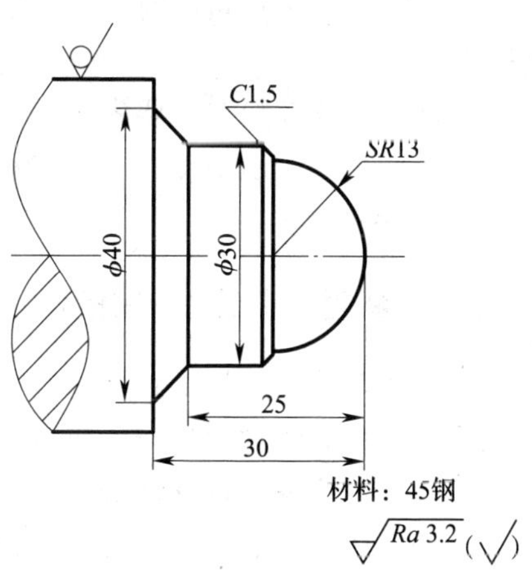

图 1—17

2. 编写如图 1—18 所示工件的内轮廓的精加工程序（要求使用刀具补偿）。

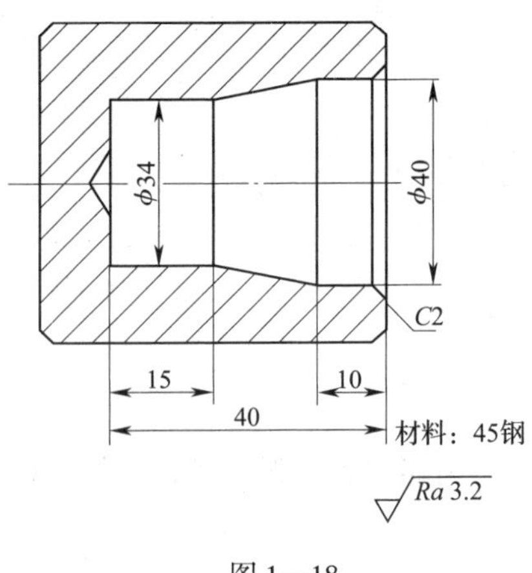

图 1—18

第八节　数控车床的日常维护和保养

一、填空题（将正确答案填写在横线上）

1. 对数控机床进行____________和____________可以延长元器件的使用寿命。

2. 按动数控机床上的复位键，报警消除的是____________故障，否则是____________故障。

3. 手动操作数控机床时，要确定____________和____________的当前位置，保证正确指定了____________、____________和____________。

4. 数控机床关机时，要先关闭____________，再关____________。

5. 机床通电后，在数控装置没有出现____________或____________画面时，不能碰 MDI 面板上的任何键。

二、判断题（正确的，在括号内打“√”；错误的，在括号内打“×”）

1. 数控车床的液压油路要每周检查一次。（　）
2. 每年检查滚珠丝杠时，要清洗丝杠上的旧油脂，涂上新油脂。（　）
3. 数控车床的自诊断功能可以显示大部分故障。（　）
4. CNC 参数由机床厂家设置，PMC 参数由用户设置。（　）
5. 只要指令正确，数控机床就能按想象的动作运动。（　）

三、选择题（将正确答案的序号填写在横线上）

1. 数控车床需要每周检查的部位是________。

A. 导轨润滑油箱　　　　B. 防护装置

C．电气柜过滤网　　D．主轴驱动带

2．不属于数控车床常见操作故障的是________。

A．机床未回参考点　　B．压缩空气气源压力低

C．刀具钝化　　D．机床处于报警状态

3．数控车床操作前不需要检查________。

A．输入的数据　　B．手轮的进给倍率

C．刀具补偿方向　　D．机床能否正常运行

4．关机时的不正确操作是________。

A．机床返回参考点后再关机　　B．清洁干净工作台面

C．取下所有刀具　　D．确认工件加工已结束

四、简答题

1．简述故障的常规处理方法。

2．简述数控车床的安全操作规程。

第二章　FANUC 系统的编程与操作

第一节　FANUC 系统及其功能简介

一、填空题（将正确答案填写在横线上）

1. 不同组的 G 指令在同一程序段中能指定__________，同一程序段有多个同组 G 指令时，FANUC 系统执行__________指定的那个 G 指令。

2. FS0 系列系统中，T 型 CNC 系统用于__________的数控车床；TT 型 CNC 系统用于________________________的数控车床；M 型 CNC 系统用于________________。

3. FS21/FS210 系列常用的数控系统型号有______________________________、_________________________等，适用于__________数控机床。

4. FS15 系列主 CPU 为__________，同时还有一个子 CPU，该系统适用于__________、复合机床的__________和__________。

5. 平端面粗车循环指令为__________，多重复合循环指令为__________，径向切槽循环指令为__________，端面切削循环指令为__________。

二、判断题（正确的，在括号内打“√”；错误的，在括号内打“×”）

1. FANUC 系统中 00 组的 G 指令都是非模态指令。（　　）

2. 目前我国用户使用的 FANUC 公司生产的 CNC 产品主要有 FS3、FS6、FS0、FS10/11/12、FS15、FS16、FS18、FS21/210 等系列。（　　）

3. FS15 系列控制轴数最多为 16 轴。（　　）

4. G04、G27 和 G65 指令都是 00 组的指令。（　　）

5. 当指定了未在系统说明书中指定的 G 指令时，显示 P/S010 报警。（　　）

6. FANUC 系统 G 指令有 A、B、C 和 D 四种系列。（　　）

三、选择题（将正确答案的序号填写在横线上）

1. FS10/11/12 系列有多个品种，但没有________型。

A. M　　B. TT　　C. F　　D. FF

2. FS15 系列是 FANUC 公司较新开发的________位 CNC 系统。

A. 8　　B. 16　　C. 32　　D. 64

3. 目前我国数控机床上采用较多的数控系统是________。

A. FANUC 0i　　B. FANUC 18i　　C. FANUC 21i　　D. FANUC 0

4. 当电源接通或复位时，CNC 进入清零状态，但是原来的________仍保持有效。

A. G41 或 G40　　B. G21 或 G20

C. G96 或 G97　　D. G98 或 G99

5. G50 指令的功能是________。

A. 局部坐标系设定　　B. 选择机床坐标系

C. 坐标系设定　　D. 选择工件坐标系

第二节　内、外圆加工单一固定循环

一、填空题（将正确答案填写在横线上）

1. 指令“G90 X(U) __ Z(W) __ R __ F __;”中的 R 值大小为圆锥面切削____________的半径减去____________的半径。

2. 指令“G94 X(U) __ Z(W) __ R __ F __;”中的 R 值大小为____________切削起点处的____________减去终点处的____________。

3. 斜端面是指____________在____________上的投影长于其在____________上的投影。

4. 对于数控车床循环指令，选择的程序循环起始点的位置既是程序循环的____________，又是程序循环的____________，一般选择在离开工件____________的地方。

5. FANUC 系统数控车床内、外圆切削单一固定循环用指令____________来指定，而端面切削循环则采用指令____________来指定。

二、判断题（正确的，在括号内打“√”；错误的，在括号内打“×”）

1. 平端面切削循环所指的端面即与 X 轴坐标平行的端面。（　　）

2. FANUC 系统指令“G90 X(U) __ Z(W) __;”中的“G90”指定绝对坐标系。（　　）

3. FANUC 系统指令“G90 X(U) __ Z(W) __ R __ F __;”中的“R”指定圆弧半径。（　　）

4. FANUC 系统单一固定循环指令 G90 中的进给量 F 必须在 G90 指令中指定，不能沿用 G90 指令前指定的 F 值。（　　）

5. FANUC 车床数控系统中的 G94 指令中的 X/U、Z/W 的数值均为模态值。（　　）

6. FANUC 系统单一固定循环指令 G94 中的 R 值有正负之分。（　　）

7. 如果在单段运行方式下执行循环，则每一循环分 4 段进行，执行过程中必须按 4 次循环启动按钮。（　　）

8. G90 指令执行的工艺过程与 G94 相似，但切削速度与背吃刀量可略大。（　　）

三、选择题（将正确答案的序号填写在横线上）

1. 试判断如图 2—1 所示单一固定循环切削指令中 R 值的正负分别为________。

A. 正　正　　B. 负　负　　C. 正　负　　D. 负　正

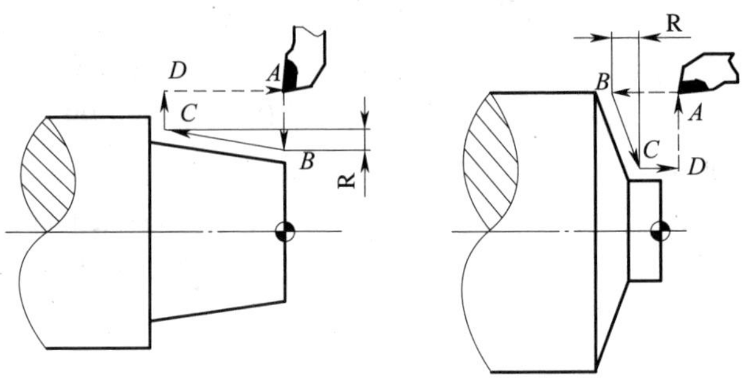

图 2—1

2. 关于固定循环编程，以下说法不正确的是________。

A. 固定循环是预先设定好的一系列连续加工动作

B. 利用固定循环编程，可大大缩短程序的长度，减小程序所占内存

C. 利用固定循环编程，可以减少加工时的换刀次数，提高加工效率

D. 固定循环编程可分为单一与多重（复合）固定循环两种类型

3. 当 FANUC 系统进入清零状态时，只有原来的________保持有效。

A. G40 或 G41　　B. G98 或 G99

C. G96 或 G97　　D. G20 或 G21

4. 不是 FANUC 系统的开机默认指令的是________。

A. G41　　B. G99

C. G97　　D. G20

5. 下列 *A*、*B* 两点之间的表面适合用圆锥面切削循环指令加工的是________。

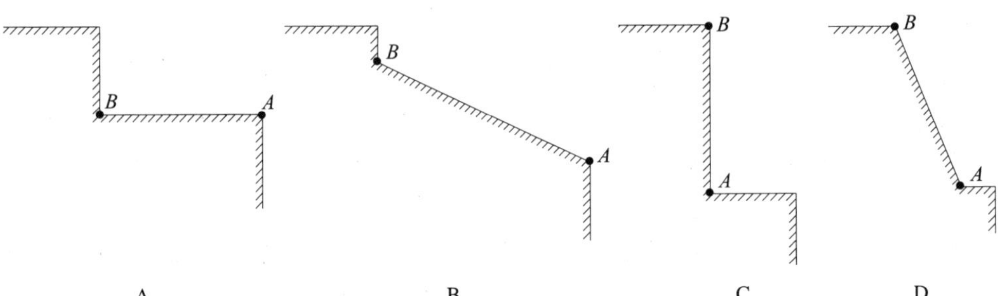

6. 试选择如图 2—2 所示工件的加工指令________（循环起点坐标：X42.0 Z0）。

A. G90 X40.0 Z－20.0 R6.0 F100；

B. G90 X40.0 Z－20.0 R－6.0 F100；

C. G90 X40.0 Z－20.0 R12.0 F100；

D. G90 X40.0 Z－20.0 R－12.0 F100；

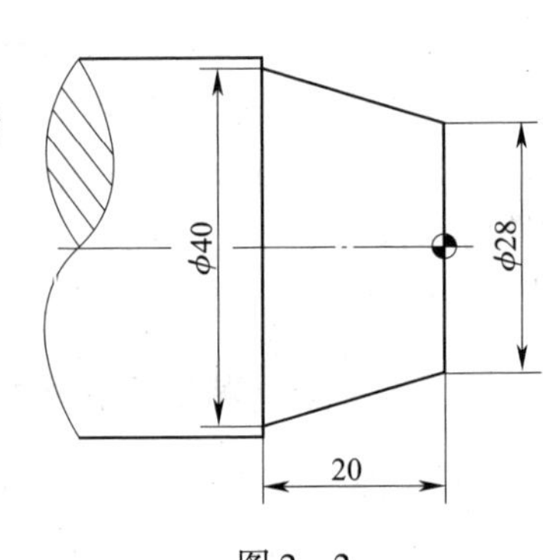

图 2—2

四、简答题

1. 试写出 FANUC 车床系统中 G90 和 G94 的指令格式，说明指令中各参数的含义。

2. 用 G90 指令加工如图 2—3 所示零件时，当循环起点的 *Z* 坐标值为 0 和 5.0 时，试计算相应的 R 值。

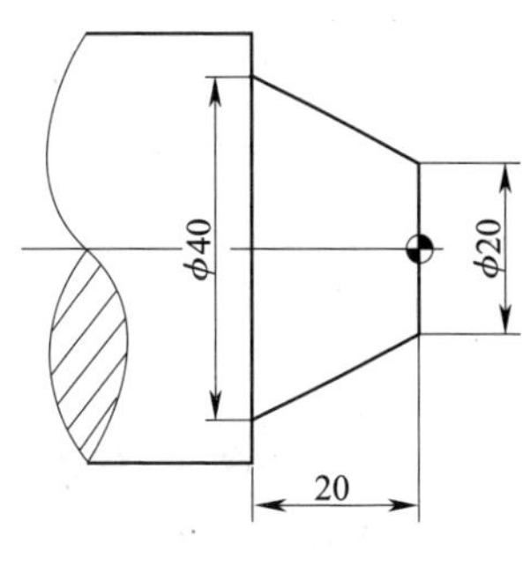

图 2—3

3. 用 G90 指令加工如图 2—4 所示零件时，当循环起点的 *X* 坐标值为 40 和 50 时，试计算相应的 R 值。

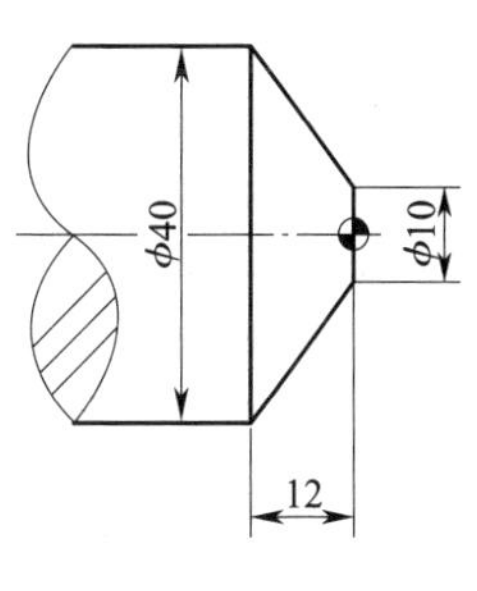

图 2—4

五、编程题

1. 加工如图 2—5 所示工件，试分析其加工工艺并编写其 FANUC 系统加工程序。

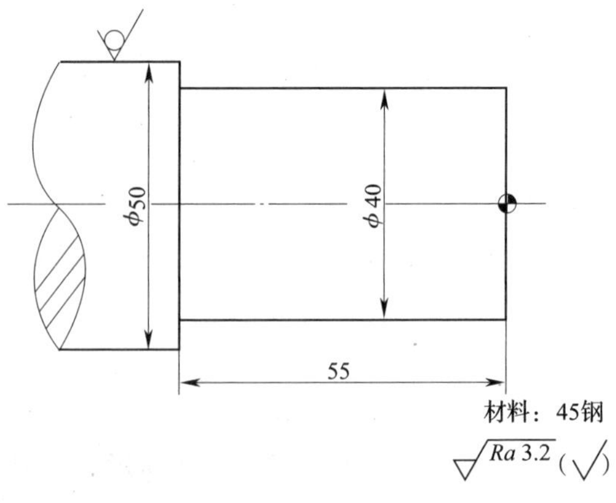

图 2—5

2. 加工如图 2—6 所示工件的内轮廓（直径 24 mm 的孔已钻好），试分析其加工工艺并编写其 FANUC 系统加工程序。

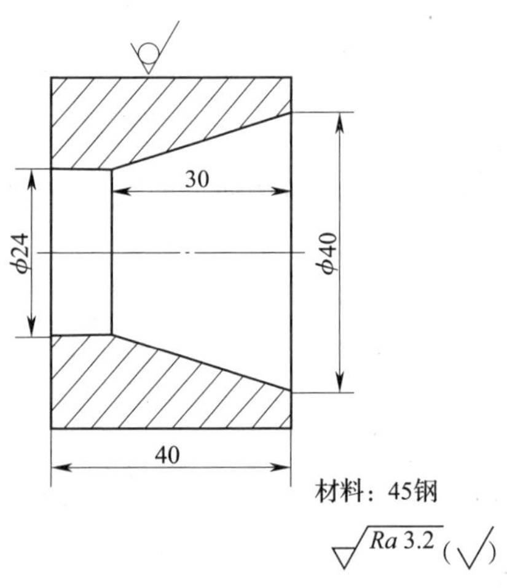

图 2—6

3．加工如图 2—7 所示工件，试分析其加工工艺并编写其 FANUC 系统加工程序。

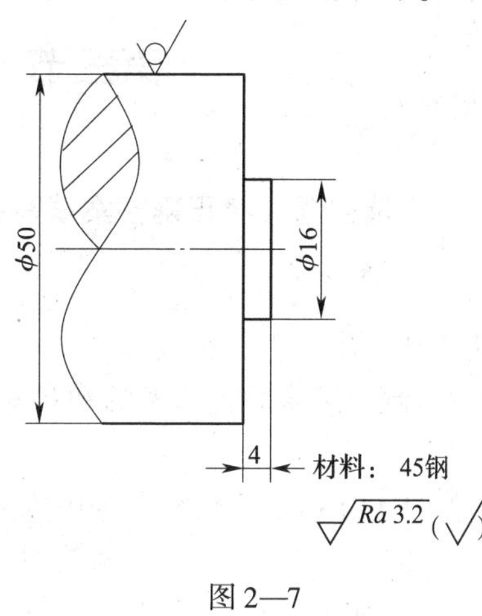

图 2—7

4．加工如图 2—8 所示工件的内轮廓（直径 20 mm 的孔已钻好），试分析其加工工艺并编写其 FANUC 系统加工程序。

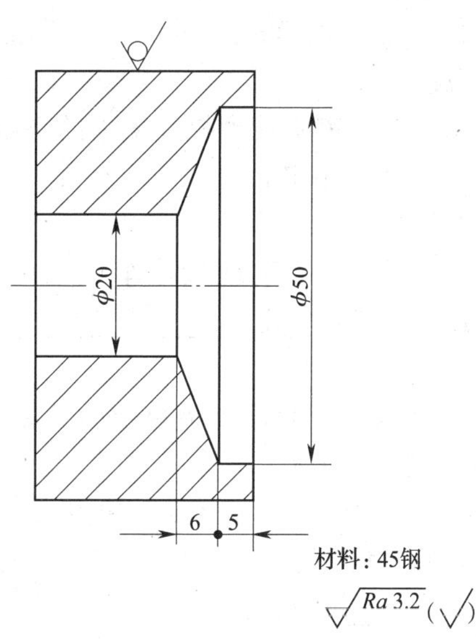

图 2—8

第三节　内、外圆复合固定循环

一、填空题（将正确答案填写在横线上）

1. G70 指令用在____________、____________和____________指令的程序内容之后，不能单独使用。

2. 倾斜床身后置刀架的数控车床在精车之前要转刀，一般先回____________，再进行____________。

3. FANUC 系统数控车床中的外圆粗车复合固定循环用指令____________来实现，精车循环则用指令____________来实现，精车循环指令格式为____________。

4. 粗加工时，根据刀具的____________和机床性能选择切削用量；精加工时，应根据零件的____________和____________来选择切削用量。

5. 粗车复合循环指令中的参数“UΔd”用于指定____________，而参数“UΔu”则用于指定____________的大小和方向。

6. 精车复合循环指令中的参数“Pns”用于指定精车程序________________________，而参数“Q nf”则用于指定精车程序________________________。

7. 对于固定循环中的循环起点，在加工外圆表面时，该点离毛坯右端面________ mm，比毛坯直径大____________ mm。

8. 采用 FANUC 0i 的粗车复合循环指令编程时，其轮廓外形必须采用____________或____________的形式，否则会产生凹形轮廓不是分层切削而是在____________时一次性切削的情况。

9. FANUC 系统数控车床中的平端面粗车固定循环用指令____________来实现，参数“WΔd”用以指定 Z 向____________，而参数“WΔw”则用于指定 Z 向____________的大小和方向。

10. FANUC 系统数控车床中的多重复合循环用指令____________来实现，参数“UΔi”用以指定______________________________，而参数“WΔk”则用于指定______________________________。

11. 多重复合循环指令中的参数“Rd”表示____________，而 G71 和 G72 指令中的“Re”则用于表示____________。

12. 车孔的关键技术是解决内孔车刀的____________和内孔车削过程中的____________。

13. 固定循环编写内孔加工程序时，应注意其精加工余量为____________，即指令中的____________取负值。

14. 内孔车刀的刀尖应与工件中心____________。如果装得低于中心，由于切削抗力的作用，容易将刀柄压低而产生扎刀现象，并可造成孔径____________。

15. FANUC 系统数控车床中的径向切槽固定循环用指令____________来实现，而端面切槽固定循环则用指令____________来实现。

16. 采用指令“G75 Re；G75 X(U) __ Z(W) __ PΔi QΔk RΔd F __；”进行编程时，指

令中的参数“X(U) __ Z(W) __”用于表示____________。

17. G75 指令中的参数“PΔi”表示____________，而参数“QΔk”则用于表示刀具完成一次切深后，在____________。

18. 选择切槽切削用量时，切削速度通常取外圆切削速度的____________，进给量一般取____________ mm/r。

19. 粗加工选择切削用量时，应首先选取尽可能大的____________；其次根据机床动力和刚度的限制条件，选取尽可能大的____________；最后根据刀具使用寿命要求，确定合适的____________。

二、判断题（正确的，在括号内打“√”；错误的，在括号内打“×”）

1. 在 G71、G72 与 G73 切削循环中，“*ns*”到“*nf*”程序段内只能有 G00 或 G01 指令。（ ）

2. G70 循环结束后，刀具返回参考点。（ ）

3. 精加工时，在保证刀具使用寿命的前提下，应尽可能选取较高的切削速度。（ ）

4. 执行 G71 粗车循环，刀具运行从循环起点开始，循环结束后刀具必定返回循环起点。（ ）

5. G71 指令中的 F 和 S 值是指粗加工循环中的 F 和 S 值，该值一经指定，则在粗车循环执行过程中，程序段号“*ns*”和“*nf*”之间所有的 F 和 S 值均无效。（ ）

6. G70 指令可以用在 G75 指令的程序内容之后，但不能单独使用。（ ）

7. FANUC 系统的 G71 指令中的“*ns*”到“*nf*”程序段编写了非单调变化的轮廓，则在 G71 执行过程中会产生程序报警。（ ）

8. 如果程序段号“*ns*”和“*nf*”之间没有给出 F、S 值，则 G70 执行过程中沿用 G71 执行过程中的 F、S 值。（ ）

9. 在 FANUC 系统的 G71 循环指令中，顺序号“*ns*”所指程序段必须沿 *X* 向进刀，且不能出现 *Z* 轴的运动指令，否则会出现程序报警。（ ）

10. FANUC 数控车复合固定循环指令中能进行子程序的调用。（ ）

11. 切削用量选择不当，只会对工件表面质量产生影响，不会对工件的尺寸精度产生影响。（ ）

12. 在 G72 指令前指定的 S 值为 S400，G72 指令中指定的 S 值为 S600，而“*ns*”程序段号中没有指定 S 值，则精加工过程中执行的 S 值为 S400。（ ）

13. 数控加工中，采用加工路线最短的原则确定走刀路线既可以减少空刀时间，又可以减少程序段。（ ）

14. 采用 FANUC 0i 的多重复合循环指令编程时，其轮廓外形必须为单调递增或单调递减的形式，否则会产生凹形轮廓不是分层切削而是在半精加工时一次性切削的情况。（ ）

15. 采用 G73 指令编程与加工工件和采用 G71 或 G72 指令编程与加工工件相比，采用 G73 指令编程与加工工件可减少空行程。（ ）

16. G73 指令中，“*ns*”程序段可以向 *X* 轴或 *Z* 轴的任意方向进刀。（ ）

17. 在 G71、G72、G73 程序段中的 Δw、Δu 是指精加工余量值，该值按其余量的方向

有正负之分。 (　　)

18．G71、G72、G73 指令中的 Δi、Δk 值也有正负之分，其正负值是根据刀具位置和进退刀方式来判定的。 (　　)

19．FANUC 系统数控车床的 G73 指令中不能含有宏程序加工指令。 (　　)

20．FANUC 系统数控车床的 G71 指令中不能含有宏程序加工指令。 (　　)

21．G75 循环指令执行过程中，*X* 向每次背吃刀量均相等。 (　　)

22．执行 G75 指令，刀具完成一次径向切削后，在 *Z* 方向的偏移方向由指令中参数 P 后的正负号确定。 (　　)

23．G75 指令中编写的 *Z* 方向的偏移量应小于刀宽，否则在程序执行过程中会产生程序出错报警。 (　　)

24．在 G74 指令中，指定的参数为“R1.0；P1500；Q800；”，则程序执行过程中会产生程序出错报警。 (　　)

25．在 G75 指令中，指定的参数为“R1.0；P1500；Q800；”，则程序执行过程中会产生程序出错报警。 (　　)

26．采用 G74 指令进行钻孔加工时，指令中的参数“P$\underline{\Delta i}$”必须指定为 0。 (　　)

27．采用 G75 编程时，循环起点为（X32.0，Z－15.0），切槽的终点为（X28.0，Z－15.0），指令中参数“P$\underline{\Delta i}$”指定为“P1200”，则程序执行过程中要执行 3 次切深。 (　　)

28．切槽刀的刀头部分不应取得太长或太短，一般取长度＝槽深＋(2～3) mm。 (　　)

29．端面切槽刀的一侧副后面应磨成圆弧形，以防与槽壁产生摩擦。 (　　)

30．在切槽加工过程中，进给量过大或切屑阻塞，均会使切槽刀在切削过程中出现扎刀现象。 (　　)

31．内、外圆固定循环切槽时，刀具的进刀方向是由循环指令中指定的起点和终点坐标确定的。 (　　)

三、选择题（将正确答案的序号填写在横线上）

1．采用 G71 指令编程时，________。

A．*X* 向精车余量的取值一般大于 *Z* 向精车余量的取值

B．*X* 向精车余量的取值一般小于 *Z* 向精车余量的取值

C．*X* 向精车余量的取值一般等于 *Z* 向精车余量的取值

D．以上三种均可

2．零件的最终轮廓加工应在最后一次走刀时完成，其目的主要是保证零件的________要求。

A．尺寸精度　　B．表面粗糙度　　C．形状精度　　D．位置精度

3．如果在固定循环方式下，又指令了 M、S、T 功能，则 M、S、T 功能________。

A．和固定循环同时执行　　B．在固定循环后执行

C．在固定循环前执行　　D．以上均有可能

4．指令“G71 U$\underline{\Delta d}$ R$\underline{e}$；G71 P$\underline{ns}$ Q$\underline{nf}$ U$\underline{\Delta u}$ W$\underline{\Delta w}$ F __ S __ T __；”中的“R$\underline{e}$”表示

________。

A. X 方向每次进刀量　　B. X 方向每次退刀量

C. Z 方向每次进刀量　　D. Z 方向每次退刀量

5. 在指令“G71 U$\underline{\Delta d}$ R$\underline{e}$；G71 P$\underline{ns}$ Q$\underline{nf}$ U$\underline{\Delta u}$ W$\underline{\Delta w}$ F __ S __ T __；”中，关于参数“Δu”的属性描述，正确的是________。

A. 半径量，有正负之分　　B. 半径量，均为正值

C. 直径量，有正负之分　　D. 直径量，均为正值

6. 对于 G71 指令中的精加工余量，当使用硬质合金刀具加工 45 钢材料内孔时，通常取________ mm 较为合适。

A. 0.5　　B. −0.5　　C. 0.05　　D. −0.05

7. 在 FANUC 系统数控车床的 G71 循环中，顺序号“ns”程序段必须________。

A. 沿 X 向进刀，且不能出现 Z 坐标

B. 沿 Z 向进刀，且不能出现 X 坐标

C. 同时沿 X 向和 Z 向进刀

D. 无特殊的要求

8. 在 FANUC 系统 G72 循环指令“G72 W$\underline{\Delta d}$ R$\underline{e}$；G72 P$\underline{ns}$ Q$\underline{nf}$ U$\underline{\Delta u}$ W$\underline{\Delta w}$；”中，关于参数“W$\underline{\Delta d}$”的属性描述，正确的是________。

A. X 向背吃刀量，半径量　　B. X 向背吃刀量，直径量

C. Z 向背吃刀量，有正负之分　　D. Z 向背吃刀量，始终为正值

9. 下列固定循环中，顺序号“ns”程序段必须沿 Z 向进刀，且不能出现 X 坐标的固定循环是________。

A. G71　　B. G72　　C. G73　　D. G70

10. 指令“G72 W$\underline{\Delta d}$ R$\underline{e}$；G72 P$\underline{ns}$ Q$\underline{nf}$ U$\underline{\Delta u}$ W$\underline{\Delta w}$；”中，关于参数“R$\underline{e}$”的属性描述，正确的是________。

A. X 向退刀量，有正负之分　　B. X 向退刀量，均为正值

C. Z 向退刀量，有正负之分　　D. Z 向退刀量，均为正值

11. FANUC 系统数控车床复合固定循环指令中的“ns”到“nf”程序段出现________指令时，不会出现程序报警。

A. 固定循环　　B. 回参考点

C. 螺纹切削　　D. 90°～180°圆弧加工

12. 在 G72 指令前指定的 F 值为 F0.3，G72 指令中指定的 F 值为 F0.2，“ns”程序段号中指定的 F 值为 F0.1，则精加工过程中执行的 F 值为________。

A. F0.3　　B. F0.2　　C. F0.1　　D. F0.05

13. 对于径向尺寸要求比较高、轮廓形状单调递增、轴向切削尺寸大于径向切削尺寸的毛坯类工件进行粗车循环加工时，采用________指令编程较为合适。

A. G71　　B. G72　　C. G73　　D. G74

14. 对于端面精度要求比较高、轮廓形状单调递增、径向切削尺寸大于轴向切削尺寸的毛坯类工件进行粗车循环加工时，采用________指令编程较为合适。

A. G71　　B. G72　　C. G73　　D. G74

15. 使用内、外圆复合固定循环进行编程时，在其 ns 到 nf 之间的程序段中，含有________指令时，程序执行过程中不会产生程序报警。

A. 固定循环　　　　B. 参考点返回

C. 复合固定循环　　　　D. 圆心角大于90°的圆弧加工

16. 铸造成型、粗车成型的工件选用________指令作为粗加工循环指令较为合适。

A. G71　　B. G72　　C. G73　　D. G74

17. 以下复合固定循环指令中，________指令所描述的工件轮廓形状没有单调递增或单调递减形式的限制。

A. G70　　B. G71　　C. G72　　D. G73

18. 加工如图 2—9 所示内轮廓时，宜选择的复合固定循环指令为________。

A. G71　　B. G72　　C. G73　　D. G74

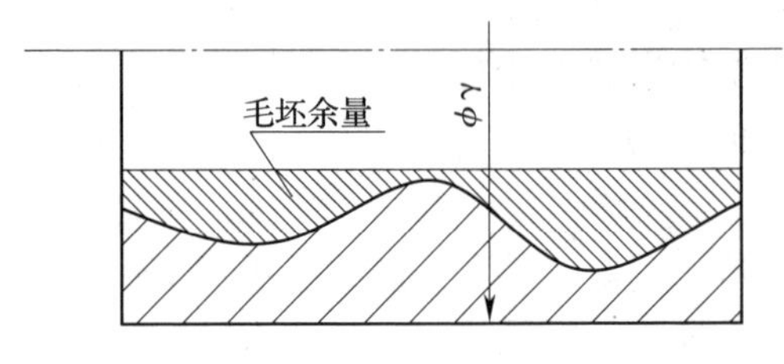

图 2—9

19. 如采用 G73 指令加工如图 2—9 所示内轮廓，则指令中关于参数“U$\underline{\Delta i}$”和“W$\underline{\Delta k}$”的取值，合适的是________。

A. U$\underline{\Delta i}$ 和 W$\underline{\Delta k}$ 均大于 0

B. U$\underline{\Delta i}$ 大于 0，W$\underline{\Delta k}$ 小于 0

C. U$\underline{\Delta i}$ 和 W$\underline{\Delta k}$ 均小于 0

D. U$\underline{\Delta i}$ 小于 0，W$\underline{\Delta k}$ 等于 0

20. 如采用 G73 指令加工如图 2—9 所示内轮廓，则指令中关于参数“U$\underline{\Delta u}$”和“W$\underline{\Delta w}$”的取值，合适的是________。

A. U$\underline{\Delta u}$ 和 W$\underline{\Delta w}$ 均小于 0

B. U$\underline{\Delta u}$ 小于 0，W$\underline{\Delta w}$ 等于 0

C. U$\underline{\Delta u}$ 和 W$\underline{\Delta w}$ 均大于 0

D. U$\underline{\Delta u}$ 大于 0，W$\underline{\Delta w}$ 小于 0

21. 加工如图 2—10 所示内轮廓时，宜选择的复合固定循环指令为________。

A. G71　　B. G72　　C. G73　　D. G74

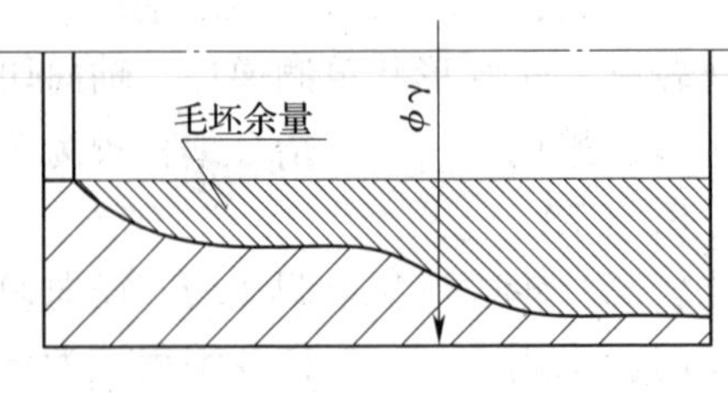

图 2—10

22. 分别采用 G73 和 G71 指令编程与加工如图 2—10 所示零件，则下列关于编程的描述，正确的是________。

A. 采用 G71 指令编程时，参数“R$\underline{e}$”取值为 -0.5

B. 采用 G71 指令编程时，参数“R$\underline{e}$”取值为 0.5

C. 采用 G73 指令编程时，参数“R$\underline{d}$”取值为 -0.5

D. 采用 G73 指令编程时，参数“R$\underline{d}$”取值为 0.5

23. 分别采用 G73 和 G71 指令编程与加工如图 2—10 所示零件，则下列关于编程的描述，正确的是________。

A. 采用 G73 指令加工比采用 G71 指令加工具有更多的空行程

B. 采用 G71 指令加工比采用 G73 指令加工具有更多的空行程

C. G71 指令中的参数“U$\underline{\Delta d}$”为负值

D. G73 指令中的参数“U$\underline{\Delta i}$”必须为正值

24. 对于指令“G75 R$\underline{e}$；G75 X(U) __ Z(W) __ P$\underline{\Delta i}$ Q$\underline{\Delta k}$ R$\underline{\Delta d}$ F__；”中的参数“R$\underline{e}$”，下列描述不正确的是________。

A. 退刀量　　B. 半径量　　C. 模态值　　D. 有正负值之分

25. 对于指令“G75 R$\underline{e}$；G75 X(U) __ Z(W) __ P$\underline{\Delta i}$ Q$\underline{\Delta k}$ R$\underline{\Delta d}$ F__；”中的参数“P $\underline{\Delta i}$”，下列描述不正确的是________。

A. 每次背吃刀量　　B. 直径量　　C. 始终为正值　　D. 不带小数点

26. 对于指令“G74 R$\underline{e}$；G74 X(U) __ Z(W) __ P$\underline{\Delta i}$ Q$\underline{\Delta k}$ R$\underline{\Delta d}$ F__；”中的参数“Q $\underline{\Delta k}$”，下列描述正确的是________。

A. Z 向的每次背吃刀量　　B. X 向每次背吃刀量

C. 该值为固定值，无须用户指定　　D. 该值可指定为“Q2.0”

27. 下列指令中，可用于啄式钻孔的指令是________。

A. G73　　B. G74　　C. G75　　D. G76

28. 采用 G75 编程时，循环起点为（X32.0，Z-15.0），切槽的终点为（X28.0，Z-20.0），则 G75 指令中关于参数“P$\underline{\Delta i}$”的指定，正确的是________。

A. P1.5　　B. P2.5　　C. P1500　　D. P2500

29. 采用 G74 编程时，循环起点为（X32.0，Z2.0），切槽的终点为（X28.0，Z-5.0），切槽刀宽为 4.0 mm，则 G74 指令中关于参数“P$\underline{\Delta i}$”的指定，正确的是________。

A. P1.5　　B. P2.5　　C. P1500　　D. P2500

30. 采用 G75 编程时，循环起点为（X32.0，Z-15.0），切槽的终点为（X28.0，Z-20.0），指令中参数“P$\underline{\Delta i}$”指定为“P1200”，则最后一次背吃刀量为________ mm。

A. 1.2　　B. 1.0　　C. 0.8　　D. 0.4

31. 采用 G75 编程时，循环起点为（X32.0，Z-15.0），切槽的终点为（X28.0，Z-20.0），指令中参数“Q$\underline{\Delta k}$”指定为“Q1200”，则最后一次平移量为________ mm。

A. 1.2　　B. 0.8　　C. 0.4　　D. 0.2

32. 在执行 G75 指令过程中，出现下列________情况时，不会产生程序报警。

A. X(U) 或 Z(W) 指定，而 Δi 或 Δk 值未指定或指定为 0

B. Δk 值大于 Z 轴的移动量（W）或 Δk 值设定为负值

C. 退刀量大于进刀量，即 e 值大于每次背吃刀量 Δi 或 Δk

D. 刀具平移量大于切槽刀的刀宽

四、简答题

1. 试写出粗车循环指令 G71 的格式，说明指令中各参数的含义。

2. 试写出平端面粗车循环 G72 的指令格式，说明指令中各参数的含义。

3. 试写出 G73 指令的格式，说明指令中各参数的含义。

4. 试写出切槽复合固定循环 G74 和 G75 指令的格式，说明指令中各参数的含义。

5. 根据如下所示加工程序，在图 2—11 中绘制工件加工轮廓（*A* 点到 *K* 点）。

O0050；	
G98 G40 G21；	
T0101；	
G00 X100. 0 Z100. 0；	
M03 S1000；	
G00 X62. 0 Z2. 0；	
G71 U1. 0 R0. 3；	
G71 P100 Q200 U0. 5 W0 F150；	
N100 G01 X6. 0 F100；	
Z0；	（*A* 点）
X10. 0 Z－2. 0；	（*B* 点）
Z－10. 0；	（*C* 点）
X20. 0；	（*D* 点）
G03 X30. 0 W－15. 0 R25. 0；	（*E* 点）
G01 U10. 0；	（*F* 点）
X40. 0 Z－30. 0	（*G* 点）
G02 X50. 0 Z－35. 0 R5. 0；	（*H* 点）
G01 X56. 0；	（*I* 点）
U4. 0 W－2. 0；	（*J* 点）
Z－40. 0；	（*K* 点）
N200 X62. 0；	
G00 X100. 0 Z100. 0；	
M30；	

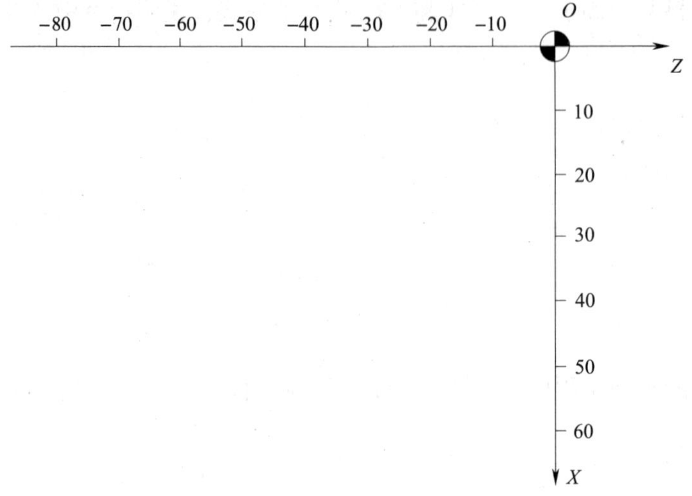

图 2—11

6. 找出下列数控车程序中的错误之处或不规范之处，说明原因，并加以修改。

```
O0123;
N10 G99 G96 G21 G40;
N20 G00 X100.0 Z100.0;
N30 T0101;
N40 G00 Z52.0 Z2.0;
N50 M03 S600;
N60 G71 U1.0 R-0.3;
N70 G71 P100 Q200 U0.5 W0 F0.2;
N80 G01 X30.0 Z2.0 S1000 F100;
N90  Z-15.0;
N100 G02 Z-25.0 R5.0;
N110 G01 X30.0 Z-40.0;
N120  X52.0;
N130 G00 Z2.0;
N140 G00 X100.0 Z100.0;
N150 M05;
N160 M30;
```

7. 根据加工程序，填写表 2—1，在图 2—12 中绘制精加工刀具轨迹（*S* 点到 *D* 点）。

```
O0207;
G99 G21 G40;
```

```
T0101;
G00 X100.0 Z100.0;
G00 X19.0 Z1.0;                      (S点)
G72 W1.0 R0.3;
G72 P100 Q200 U-0.05 W0.3 F0.15;
N100 G00 Z-12.0 F0.1 S1000;
G01 X20.0;
X40.0 Z-8.0;                         (A点)
X52.0;                               (B点)
G02 X60.0 Z-4.0 R4.0;                (C点)
N200 G01 Z1.0;                       (D点)
G70 P100 Q200;
G00 X100.0 Z100.0;
M30;
```

表 2—1

项　目		内　容	项　目		内　容
粗加工	n（r/min）		精加工余量	X向	
	f（mm/r）			Z向	
	a_p（mm）		点坐标	循环起点	
精加工	n（r/min）			A点	
	f（mm/r）			B点	
	a_p（mm）			C点	

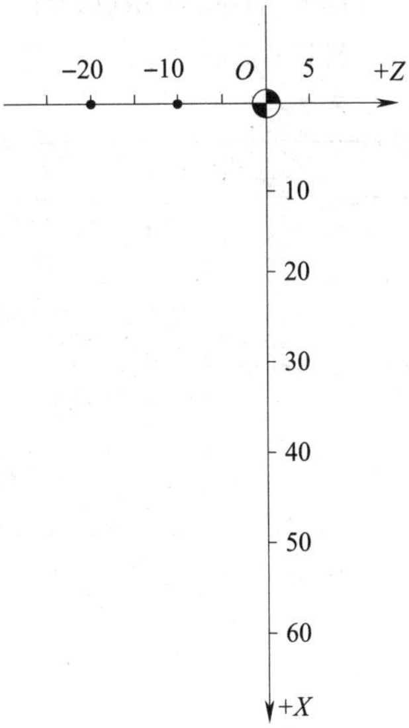

图 2—12

8. 在 ϕ50 mm×60 mm 的毛坯上加工零件，根据加工程序，填写表 2—2，在图 2—13 中绘制精加工刀具轨迹。

```
O0208;
G99 G21 G40;
T0101;
G00 X100.0 Z100.0;
G00 X52.0 Z1.0;
G73 U8.0 W0 R6;
G73 P100 Q200 U0.5 W0 F0.2;
N100 G00 X33.36 F0.1 S1000;        (A 点)
G01 Z0;
G03 X41.36 Z-27.73 R26.0;          (B 点)
G02 X45.32 Z-37.01 R8.0;           (C 点)
G03 X48.0 Z-40.0 R4.0;
N200 G01 X52.0;
G70 P100 Q200;
G00 X100.0 Z100.0;
M30;
```

表 2—2

项　目		内　容	项　目		内　容
粗加工	n（r/min）		精加工余量	X 向	
	f（mm/r）			Z 向	
	a_p（mm）		点坐标	循环起点	
精加工	n（r/min）			A 点	
	f（mm/r）			B 点	
	a_p（mm）			C 点	

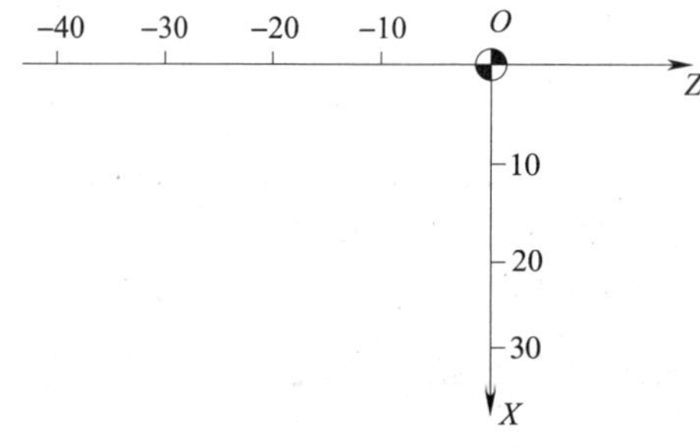

图 2—13

五、编程题

1. 在数控车床上加工如图 2—14 所示零件（毛坯为 ϕ50 mm 的 45 钢），试写出其完整的加工程序。

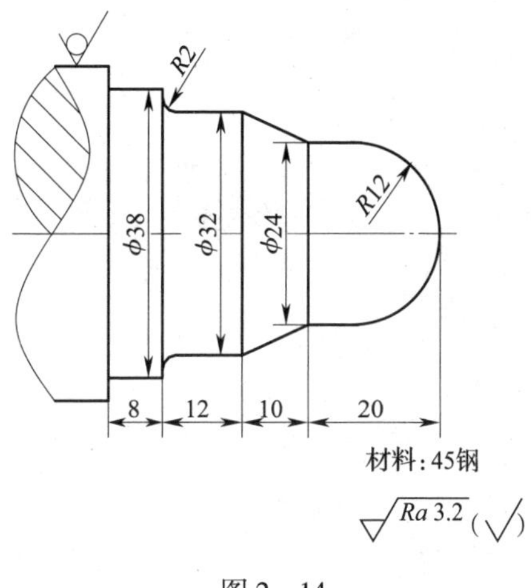

图 2—14

2. 加工如图 2—15 所示工件的内轮廓（直径 18 mm 的孔已钻好），试编写内轮廓的加工程序。

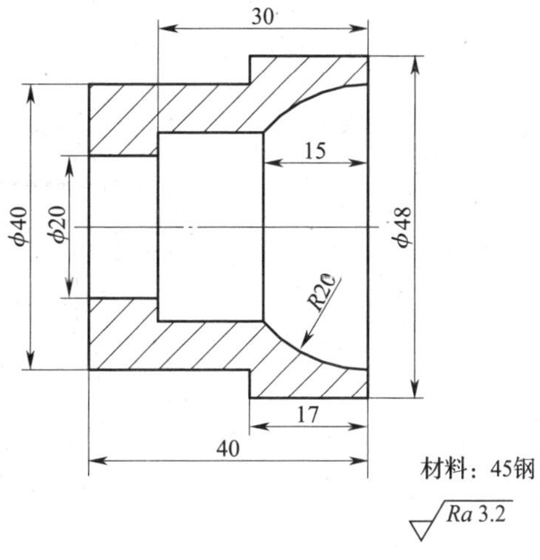

图 2—15

3. 分析如图 2—16 所示工件的加工步骤，编写其数控车加工程序。

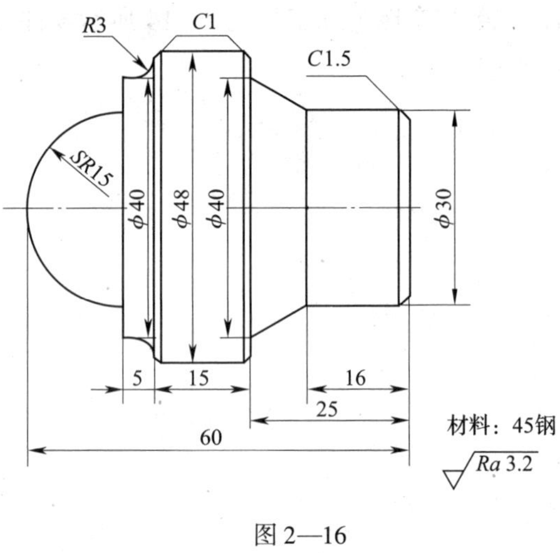

图 2—16

4. 分析如图 2—17 所示工件的加工步骤，编写其数控车加工程序。

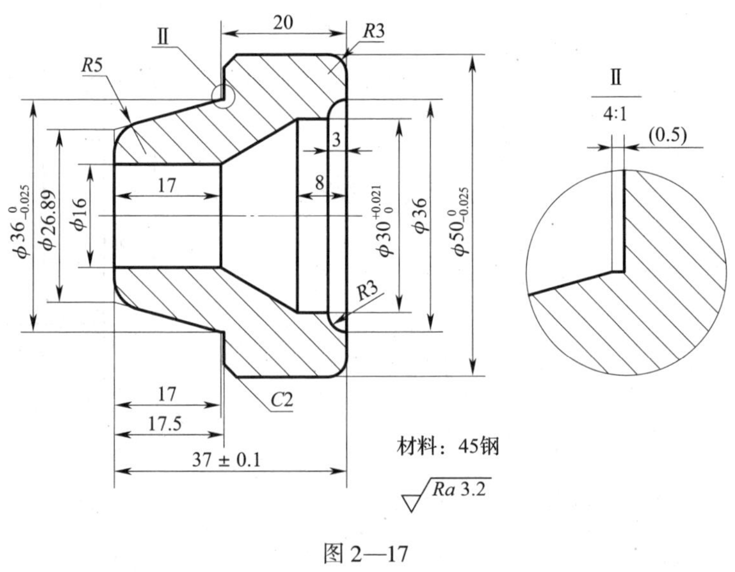

图 2—17

5. 试采用 FANUC 系统的平端面粗车复合循环指令编写如图 2—18 所示零件的加工程序。

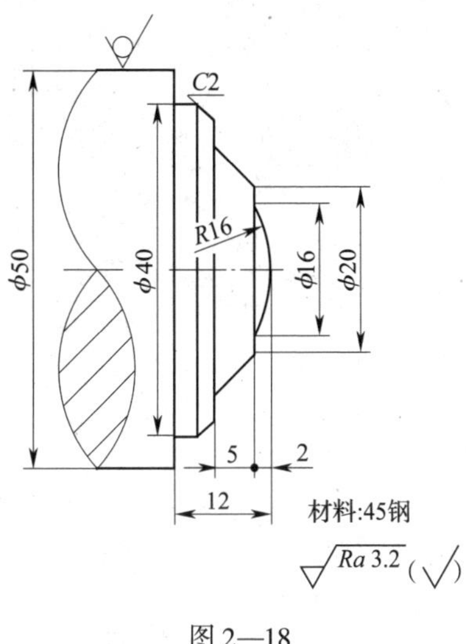

图 2—18

6. 试采用 FANUC 系统的平端面粗车复合循环指令编写如图 2—19 所示零件内轮廓的加工程序（直径 10 mm 的孔已钻好）。

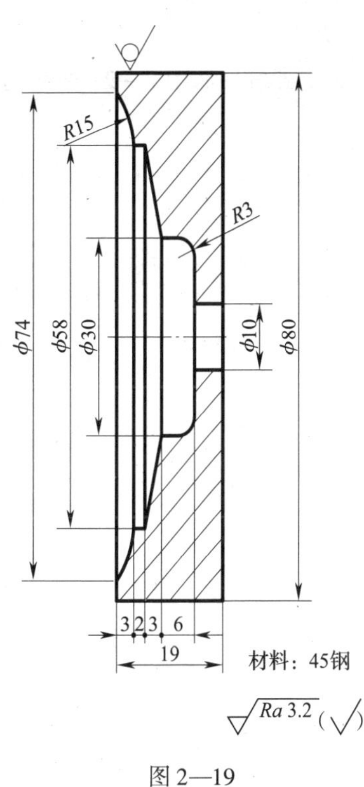

图 2—19

7. 试编写如图 2—20 所示零件的数控车加工程序（毛坯为直径 50 mm 的 45 钢）。

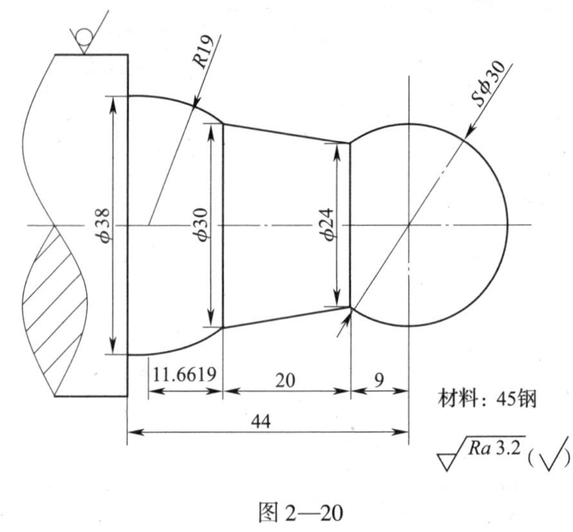

图 2—20

8. 试编写如图 2—21 所示零件内轮廓的数控车加工程序。

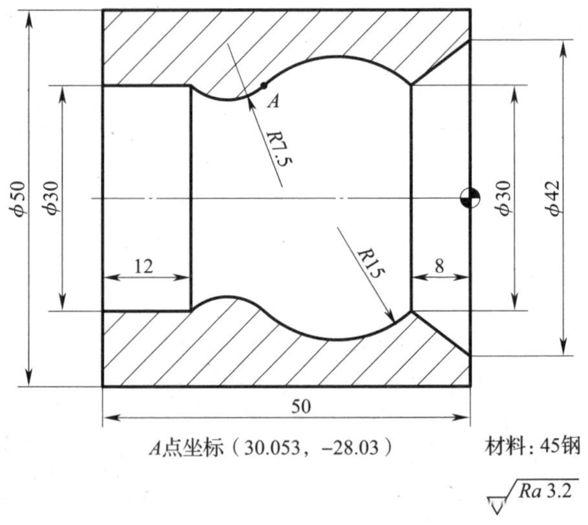

图 2—21

9. 分析如图 2—22 所示工件的加工步骤，编写其数控车加工程序（毛坯直径为 50 mm）。

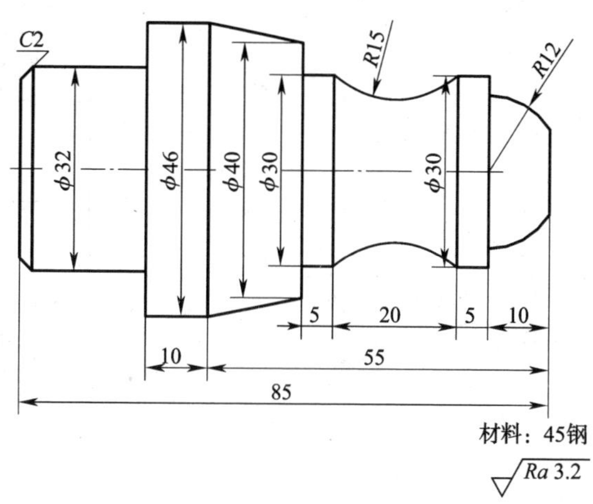

图 2—22

10. 选择刀头宽度为 2 mm 的切槽刀加工如图 2—23 所示工件，用一条 G75 指令加工出 6 条外圆槽，试编写其加工程序。

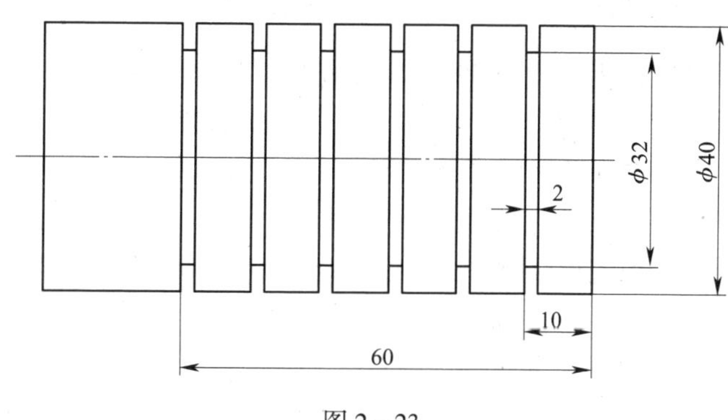

图 2—23

11. 加工如图2—24所示工件（毛坯为 ϕ50 mm×38 mm 的铝棒料），试分析其加工步骤并编写其数控车加工程序。

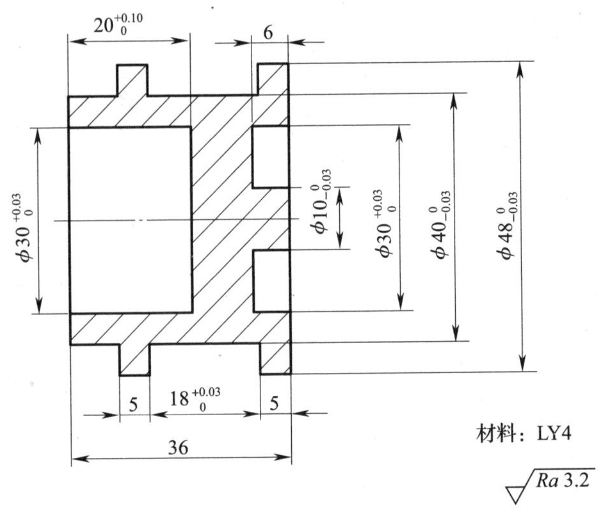

图2—24

第四节　螺纹加工及其固定循环

一、填空题（将正确答案填写在横线上）

1. 普通螺纹是我国应用最为广泛的一种三角形螺纹，牙型角为__________，分__________普通螺纹和__________普通螺纹两种。

2. 细牙普通螺纹代号用字母__________及__________×__________表示，左旋螺纹应在螺纹标记的末尾处加注__________字，未注明的是右旋螺纹。

3. 加工螺纹时，必须设置合理的导入距离 δ_1 和导出距离 δ_2，一般情况下，导入距离 δ_1 取__________，而导出距离 δ_2 则取__________。

4. FANUC 系统指令“G32 X(U) _ Z(W) _ F _ Q _;”中的参数“X(U) _ Z(W) _”用于表示__________的坐标，参数“F”表示螺纹的__________，参数“Q”表示__________。

5. 执行端面螺纹切削的程序段时，刀具在指定螺纹切削距离内以__________的速度沿__________向进给，而__________向不做运动。

6. FANUC 系统指令“G34 X(U) _ Z(W) _ F _ K _;”中的参数“K”表示__________的增量或减量，其中增量用__________表示，减量用__________表示。

7. FANUC 系统指令“G92 X(U) _ Z(W) _ F _ R _;”中的参数“X(U) _ Z(W) _”

表示__________的坐标，参数“R”是__________的 X 坐标减去__________处的 X 坐标所得差的二分之一。

8. FANUC 系统数控车床，用于车削螺纹的指令是 __________，用于车削螺纹的单一固定循环指令为__________，用于车削螺纹的复合固定循环指令是__________。

9. 梯形螺纹的代号用字母__________及__________ × __________表示，左旋螺纹需在其标记的末尾处加注__________，右旋则不用标注，公制梯形螺纹的牙型角为__________。

10. FANUC 系统数控车床复合固定循环指令 G76 中的参数“P020530”中“02”表示__________，“05”表示__________________________，“30”表示__________。

二、判断题（正确的，在括号内打“√”；错误的，在括号内打“×”）

1. 粗牙普通螺纹螺距是标准螺距，其代号中不必标注螺距。 (　　)

2. 加工普通螺纹，当螺纹牙型较深时，应分多次进给切削，每次进给的背吃刀量应相等。 (　　)

3. FANUC 系统 G92 指令中的 R 值有正负之分。 (　　)

4. G32 指令是 FANUC 系统中用于加工螺纹的单一固定循环指令。 (　　)

5. 后置刀架车削右旋螺纹时，不仅螺纹车刀必须反向（即前刀面向下）安装，车床主轴也必须用 M04 指令其旋向。 (　　)

6. 在单段方式下执行 G92 循环，每执行一次循环必须按 4 次循环启动按钮。 (　　)

7. 在 G92 指令执行过程中，机床面板上的进给速度倍率旋钮和主轴速度倍率旋钮均无效。 (　　)

8. 圆锥螺纹在 X 或 Z 方向各有不同的导程，程序中导程 F 的取值以两者较大值为准。 (　　)

9. 如果在螺纹切削过程中按下了“进给暂停”按钮，则刀具在当前位置立即停止，重新按下“循环启动”键后，继续执行该螺纹的切削动作。 (　　)

10. FANUC 系统的 G32 指令只能用于加工圆柱螺纹，不能用于加工圆锥螺纹。 (　　)

11. G76 指令为非模态指令，所以必须每次指定。 (　　)

12. 采用 G76 指令加工螺纹时，加工过程中的进刀方式是沿牙型一侧面平行方向的斜向进刀。 (　　)

13. 采用复合固定循环 G76 指令分层加工螺纹，必须在指令中分别指定每次分层切削的背吃刀量的大小。 (　　)

14. 在复合固定循环 G76 指令中，分别用相应的参数指定了粗、精加工过程中分层切削的次数。 (　　)

三、选择题（将正确答案的序号填写在横线上）

1. 螺纹标记为 M20×1.5－LH 的螺纹，表示该螺纹为________。

A. 粗牙左旋螺纹，螺距为 1.5 mm

B. 细牙左旋螺纹，螺距为 1.5 mm

C. 粗牙右旋螺纹，螺距为 1.5 mm

D. 细牙右旋螺纹，螺距为 1.5 mm

2. G32 指令不能加工的螺纹是________。

A. 等螺距圆锥螺纹　　B. 等螺距端面螺纹

C. 等螺距多线圆柱螺纹　　D. 变螺距圆柱螺纹

3. 车削 M24×2 的内螺纹（材料为45 钢），根据经验公式，底孔直径加工至________ mm 较为合适。

A. 24　　B. 22　　C. 26　　D. 21.4

4. 在加工螺纹时，应适当考虑其车削开始时的导入距离，一般取________较为合适。

A. 1~2 mm　　B. 1P　　C. 2P~3P　　D. 5~10 mm

5. 关于 FANUC 系统车床中的指令 G92，下列描述不正确的是________。

A. 内、外螺纹加工指令　　B. 模态指令

C. 单一固定循环指令　　D. 不能用于加工左旋螺纹

6. 对于螺距较大的圆柱螺纹，一般选择________指令编程加工。

A. G32　　B. G34　　C. G76　　D. G92

7. 用 FANUC 系统指令“G92 X(U) __ Z(W) __ F __;”加工双线螺纹，则该指令中的“F __”是指________。

A. 螺纹导程　　B. 螺纹螺距　　C. 每分钟进给量　　D. 螺纹起始角

8. 下列 FANUC 系统指令中可用于变螺距螺纹加工的指令是________。

A. G32　　B. G34　　C. G92　　D. G76

9. 如果采用 G92 指令加工螺纹标记为 M30×Ph3P1 的外螺纹，则螺纹指令中的参数“F”的取值为________。

A. 1　　B. 2　　C. 3　　D. 100

10. 梯形螺纹测量一般是用三针测量法测量螺纹的________。

A. 大径　　B. 小径　　C. 底径　　D. 中径

11. 指令“G76 X(U) __ Z(W) __ R$\underline{i}$ P$\underline{k}$ Q$\underline{\Delta d}$ F __;”中的“P$\underline{k}$”用于表示________。

A. 螺纹半径差　　B. 牙型编程高度

C. 螺纹第一刀背吃刀量　　D. 精加工余量

12. 采用 G76 指令加工螺纹，参数中关于螺纹角度不能选择________。

A. 80°　　B. 55°　　C. 29°　　D. 15°

13. 指令 G76 中指定的参数“Q$\underline{\Delta d_{min}}$”和“Q$\underline{\Delta d}$”的值分别为 Q1000 和 Q100，则执行该指令加工螺纹，切削第二刀时的背吃刀量为__________ mm。

A. 1　　B. 0.5　　C. 0.414　　D. 0.1

14. 指令“G76 P030130 Q$\underline{\Delta d_{min}}$ R$\underline{d}$;”中的参数“R$\underline{d}$”，描述正确的是________。

A. 精加工次数　　B. 总切削次数

C. 螺纹加工过程中的退刀量　　D. 精加工余量

15. 关于指令“G76 P030130 Q$\underline{\Delta d_{min}}$ R$\underline{d}$;”中的参数“Q$\underline{\Delta d_{min}}$”，下列描述不正确的是________。

A. 半径量　　　　　　　　　　　　B. 最小背吃刀量

C. 该值用不带小数点的数值表示　　　D. 模态值

四、简答题

1. 试解释下列螺纹标注含义。

M30

M30 ×1.5 –7H

M24 ×Ph2P1 – LH

Tr36 ×6 –7e

Tr44 ×6(P2) – LH

2. 试写出 FANUC 系统中 G32 指令的格式，简要说明格式中各参数的含义。

3．试写出 FANUC 系统中 G34 指令的格式，简要说明格式中各参数的含义。

4．试写出 FANUC 系统中 G92 指令的格式，简要说明格式中各参数的含义。

5．试写出 FANUC 系统中 G76 指令的格式，简要说明格式中各参数的含义。

五、编程题

1．试分析如图 2—25 所示工件加工工艺并用 G32 指令编写螺纹加工程序。

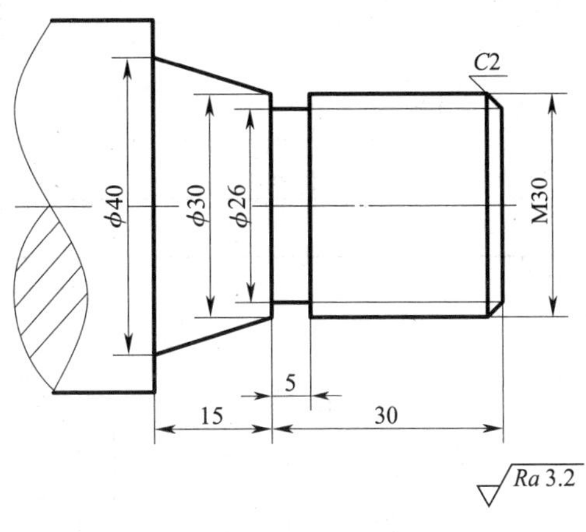

图 2—25

2．试分析如图 2—26 所示工件加工工艺并用 G32 指令编写螺纹加工程序。

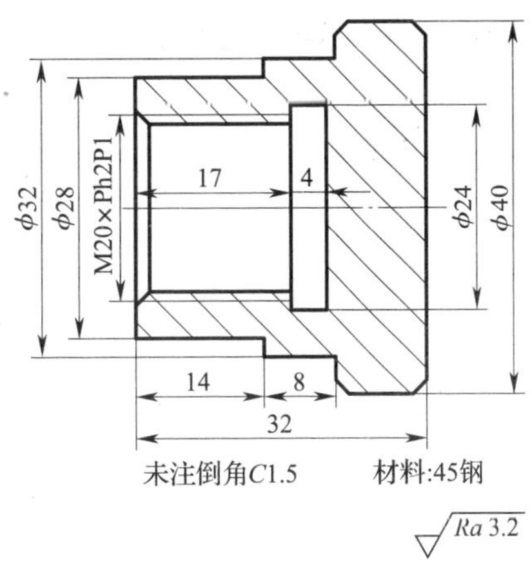

图 2—26

3．加工如图 2—27 所示外螺纹，试分析其加工工艺，填写表 2—3，编写该零件的螺纹加工程序。

表 2—3

项　目	内　容	项　目	内　容
总背吃刀量		导入距离 δ_1	
分层切削次数		导出距离 δ_2	
背吃刀量分配		顶径尺寸	
F 取值		小径尺寸	

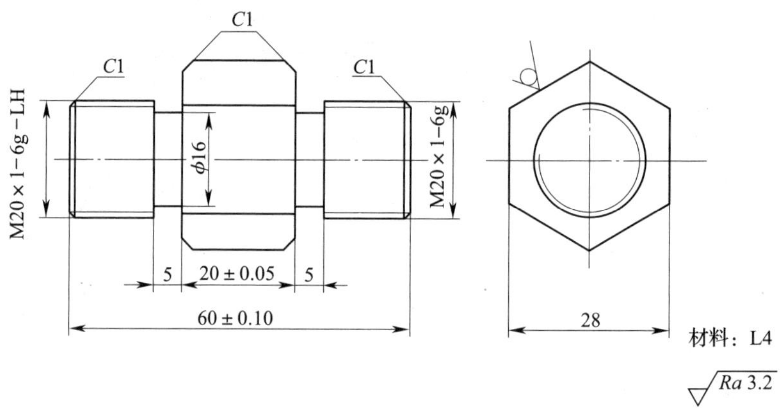

图 2—27

4．试分析如图 2—28 所示工件加工工艺并编制其数控车加工程序。

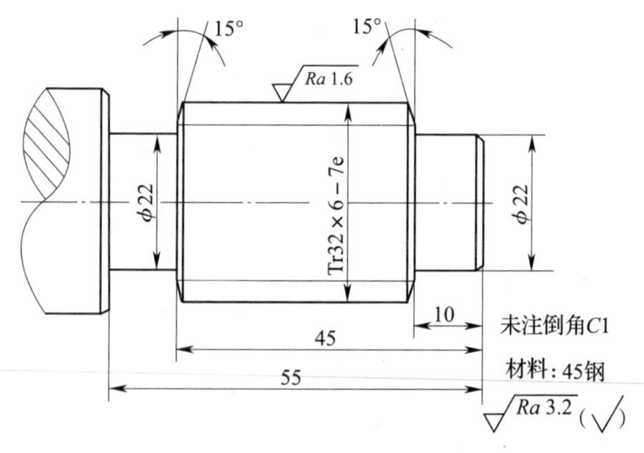

图 2—28

5. 试分析如图 2—29 所示工件加工工艺并编制其数控车加工程序。

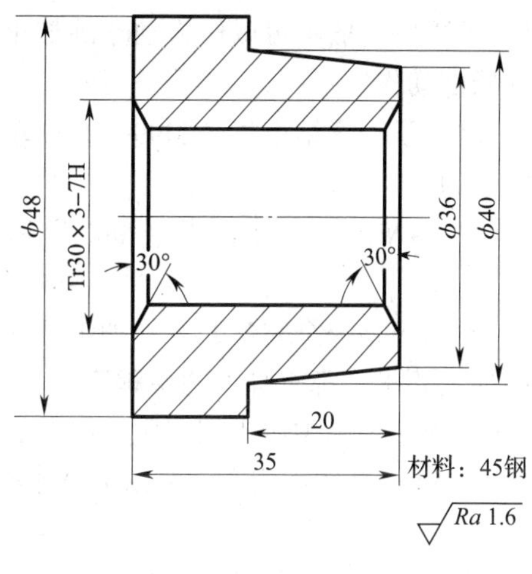

图 2—29

第五节　子　程　序

一、填空题（将正确答案填写在横线上）

1. 机床的加工程序可以分为__________和__________两种。

2. 子程序只能通过__________进行调用，实现加工中的__________。

3. FANUC 0i 系统指令“M98 P30 L30”中的“P30”表示__________，而“L30”则表示__________。

4. 子程序调用另一个子程序，这一功能称为子程序的__________。一般情况下，FANUC 0i 系统中的子程序可实现__________级嵌套。

5. FANUC 系统中用于子程序调用的指令为__________，用于子程序调用结束后返回主程序的指令是__________。

6. 把在一个程序中多次出现，或者在几个程序中都要使用的一组__________，做成__________，并单独加以命名，这组程序段就称为__________。

7. 在主程序中执行 M99，则程序将返回到主程序的__________并继续执行__________；在主程序中插入__________用于返回到指定的程序段。

8. FANUC 系统中，常用于子程序调用的格式有两种，即格式一，____________________________________；格式二，____，数控车床常采用第二种子程序调用格式。

二、判断题（正确的，在括号内打“√”；错误的，在括号内打“×”）

1. 子程序一般不可以作为独立的加工程序使用，它只能通过主程序进行调用，实现加工中的局部动作。（ ）

2. 对于子程序结束指令 M99，必须单独书写一行，如程序段“G28 U0 W0 M99”的写法是错误的。（ ）

3. 在 FANUC 系统中，指令 M02 既可作为主程序结束的标记，也可作为子程序结束的标记。（ ）

4. 主程序是一个完整的零件加工程序，或是零件加工程序的主体部分，不同的零件或不同的加工要求，都有唯一的主程序。（ ）

5. 子程序采用 M99 L2 返回，则子程序重复执行 2 次。（ ）

6. FANUC 系统中指令“M98 P50012”和“M98 P512”调用的子程序是同一个子程序。（ ）

7. 主程序的刀尖圆弧补偿模式中不能调用子程序。（ ）

8. FANUC 系统中，两种子程序调用格式可以在同一系统中混合使用。（ ）

9. FANUC 系统中指令“M98 P0050012”和“M98 P50012”调用子程序次数是相同的。（ ）

10. FANUC 系统指令“M98 P×××× L××××；”中省略了 L××××，则该指令表示调用子程序一次。（ ）

三、选择题（将正确答案的序号填写在横线上）

1. FANUC 系统中指令“M98 P50012”表示__________。

A. 调用子程序 O5001 两次　　B. 调用子程序 O12 五次

C. 调用子程序 O50012 一次　　D. 子程序调用格式错误

2. 如果子程序的返回程序段为“M99 P100；”则表示__________。

A. 调用子程序 O100 一次　　B. 返回子程序 N100 程序段

C. 返回主程序 N100 程序段　　D. 返回主程序 O100

3. 如果主程序用指令“M98 P×× L5”，而子程序采用 M99 L2 返回，则子程序重复执行的次数为__________次。

A. 1　　B. 2　　C. 5　　D. 3

4. 以下代码中，作为 FANUC 系统子程序结束的代码是__________。

A. M30　　B. M02　　C. M17　　D. M99

5. 子程序调用不能实现的功能是__________。

A. 调用主程序　　B. 自动返回到程序开始段

C. 强制改变子程序重复执行的次数　　D. 返回到主程序中的某一程序段

6. 如下程序执行结束后，刀位点在工件坐标系中的 Z 坐标值为__________。

O1；（MAIN）	O2；（SUB）
……；	G01 W－2.0 F0.1；
G00 X30.0 Z－10.0；	U－5.0；

M98 P50002;　　　　U5.0;
G00 X100.0;　　　　M99;
M30;

A. －20.0　　B. 20.0　　C. －10.0　　D. －14.0

四、简答题

1. 什么是主程序？

2. 什么是子程序？

3. 试写出子程序调用的两种格式，说明格式中各参数的含义。

五、编程题

1. 加工如图 2—30 所示工件外圆槽，切槽刀刀宽为 3 mm，试采用子程序方式编写其数控车加工程序。

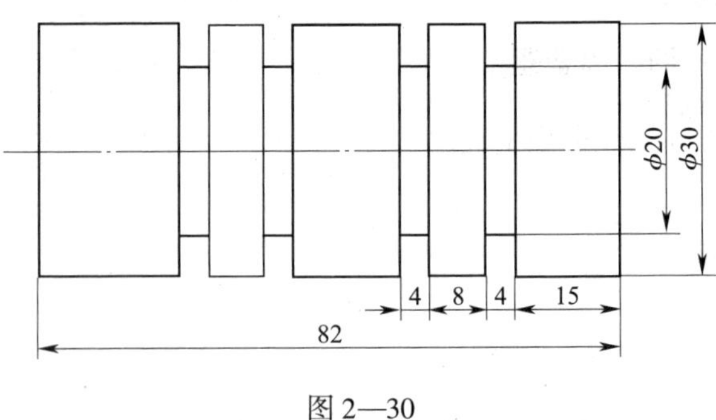

图 2—30

2. 加工如图 2—31 所示工件（毛坯为 $\phi40$ mm × 70 mm 的 45 钢），试编写其加工程序。

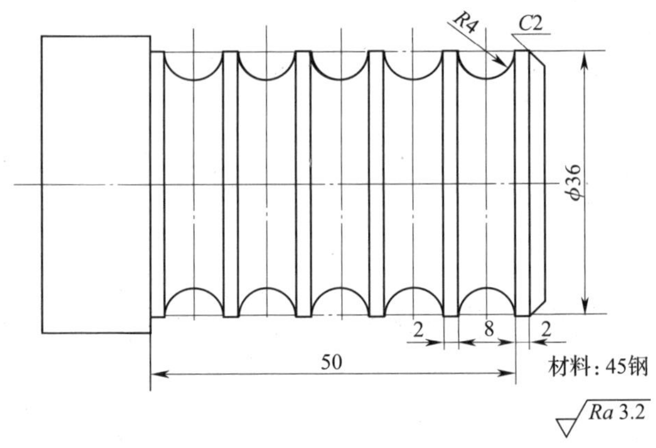

图 2—31

第六节 FANUC 系统及其车床的操作

一、填空题（将正确答案填写在横线上）

1. 如果 CRT 画面显示“EMG”报警画面，可松开__________并按下__________数秒后，系统将__________。

2. 数控车床关机一般先按下__________，再按下__________，关闭机床总电源。

3. 数控车床的返回参考点操作一般应按先__________后__________的顺序进行。

4. 删除单个程序的操作是先按__________，按下__________，输入__________，再按下__________即可完成。

5. 输入程序要在“EDIT”模式下，按__________，同时将__________置于“OFF”位置。

6. 按钮__________用于程序编辑过程中程序字的插入，而按钮__________则用于参数或补偿值的输入。

7. 解释各按钮的含义：EDIT 表示__________，HANDLE 表示__________，__________表示空运行。

8. 在手动方式下将手轮倍率开关置于“×100”位置，手轮旋转 360°，刀具移动的距离为__________ mm。

9. 刀尖圆弧半径补偿值要先按 MDI 键盘的__________键，再按软键中的__________及__________，在刀具偏置参数画面中输入。

10. 机床的试运行检查可以在__________和__________两种状态下进行。

二、判断题（正确的，在括号内打“√”；错误的，在括号内打“×”）

1. 软按键在 CRT 显示器的上方，其功能是根据 CRT 中的对应提示来指定的。 （ ）

2. 关机时，如有外部输入/输出设备接到机床上，先关闭外部设备的电源。 （ ）

3. 建立新程序时，新程序号不能与内存储器中已有的程序号相同。 （ ）

4. 在“AUTO”模式下，按下 RESET 键即可使光标跳到程序开始段。 （ ）

5. 在 FANUC 系统中编辑加工程序，如要输入字母“E”，只需连续按下按钮“EOB/E”两次即可。 （ ）

6. 当出现紧急情况而按下急停按钮时，在屏幕上出现“EMG”字样，机床报警指示灯亮。 （ ）

7. 模式选择按钮，如“EDIT”“JOG”“ZRN”等，均为单选按钮，只能选择其中的一个，不能复选。 （ ）

8. “AUTO”模式下的按钮，如“MLK”“DRN”“BDT”等，均为单选按钮，只能选择其中的一个，不能复选。 （ ）

9. 数控车床在运行过程中，一般不能通过机床面板上的按钮调节主轴转速。（　）

10. 当程序保护开关处于“ON”位置时，即使在“EDIT”状态下也不能对 NC 程序进行编辑操作。（　）

三、选择题（将正确答案的序号填写在横线上）

1. 模式选择按钮中没有__________按钮。

A. AUTO　　B. ZRN　　C. DRN　　D. JOG

2. 用符号“CCW”标注的按钮是用于控制__________的按钮。

A. 主轴正转　　B. 主轴反转　　C. 主轴停转　　D. 刀架转位

3. 按钮“F0”“F25”“F50”和“F100”用于控制数控机床的__________倍率。

A. 快速进给　　B. 手摇进给　　C. 增量进给　　D. 手动进给

4. 在“EDIT”模式下，要删除一个当前输入的字符，需按__________键。

A. DELETE　　B. BACKSPACE　　C. ALTER　　D. CAN

5. 按下 POS 键后，再按软键［综合］，机床 CRT 画面中不会出现__________。

A. 工件坐标　　B. 机械坐标　　C. 绝对坐标　　D. 相对坐标

6. 输入刀尖圆弧半径值要按__________。

A. ［测量］软键　　B. INSERT 键　　C. INPUT 键　　D. ［+输入］软键

7. DELETE 键不能完成的操作是__________。

A. 一次删除存储器中的多个程序　　B. 一次删除一个程序段中的多个程序字

C. 一次删除存储器中的所有程序　　D. 一次删除一个程序中的多个程序段

8. 图形显示功能必须在__________模式下使用。

A. AUTO　　B. MDI　　C. JOG　　D. HANDLE

9. 手动返回参考点须在__________方式下进行。

A. MDI　　B. REF　　C. JOG　　D. NC ON

10. 下列按钮中，用于机床空运行的按钮是__________。

A. SBK　　B. MLK　　C. OPT STOP　　D. DRN

四、简答题

1. 若机床出现超程报警，如何使机床恢复正常工作？

2. 简述 X 轴和 Z 轴的对刀过程。

3. 简述手动操作和手摇操作的操作步骤。

4. 简述程序新建、打开和删除的操作步骤。

5. 将表 2—4 所示按钮图标和对应的中、英文名称用直线连接，并在中文名称后说明该按钮的功能。

表 2—4

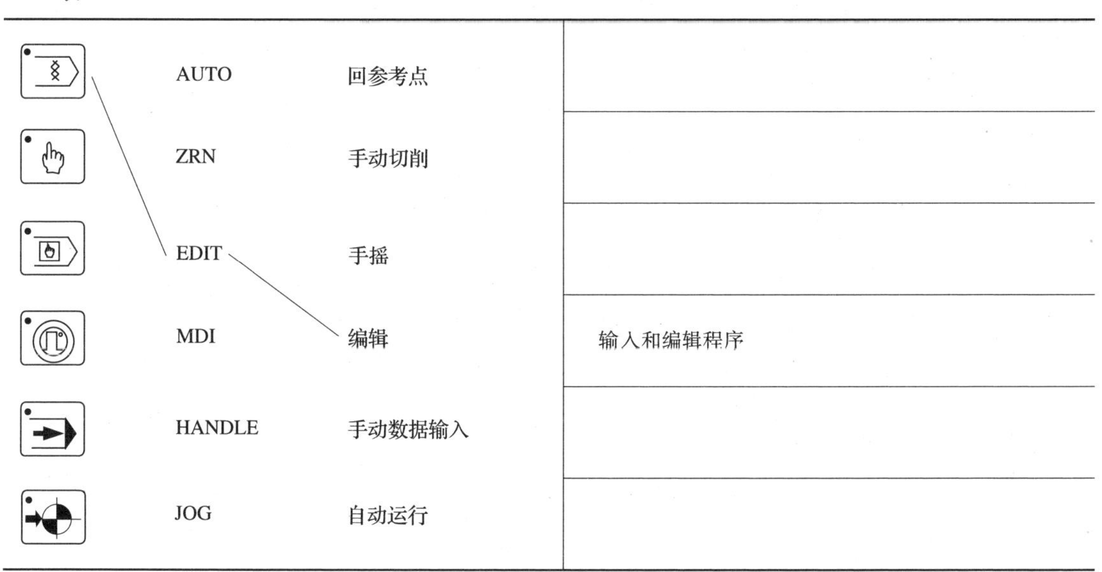

图标	英文名称	中文名称	功能
	AUTO	回参考点	
	ZRN	手动切削	
	EDIT	手摇	
	MDI	编辑	输入和编辑程序
	HANDLE	手动数据输入	
	JOG	自动运行	

6．根据按钮的图标，完成表 2—5 的填写。

表 2—5

按钮图标	英文名称	中文名称	功能说明

第三章　广数系统的编程与操作

第一节　广数系统的系统功能

一、填空题（将正确答案填写在横线上）

1. GSK980T 车床 CNC 系统是____________开发的数控系统，是______档数控车床的最佳选择。

2. GSK983T 系列产品采用____________电路，全贴片工艺，能极大地提高性能；可实现______的快速定位速度，______的切削进给速度。

3. GSK928T 系列的数控车床通常采用______电动机进行控制，属于______的数控车床系统。

4. 在广数 980T 系统编程时，暂停 2.5 s 可以写成________、______或______。

5. GSK980T 车床 CNC 系统中，G92 指令功能为________，G52 指令功能为______，G73 指令功能为______，G97 指令功能为______。

二、判断题（正确的，在括号内打“√”；错误的，在括号内打“×”）

1. GSK980T 系统宏程序模态调用指令为 G65。（　）
2. 当程序段中出现两个或两个以上的 M 指令时，最后一个 M 指令有效。（　）
3. GSK980T 系统的刀具功能采用 T2 位数法。（　）
4. 执行“G50 X __ Z __;”将建立工件坐标系，又称浮动坐标系。（　）
5. GSK980T 系统中 01 组的 G 指令都是模态指令。（　）

三、选择题（将正确答案的序号填写在横线上）

1. GSK218T 产品采用______位高性能的 CPU。
   A. 8　　B. 16　　C. 24　　D. 32
2. 下列广数系统不能用于数控车床的是______。
   A. GSK928T　　B. GSK218T　　C. GSK980M　　D. GSK983T
3. G32 指令不能加工的螺纹是______。
   A. 变螺距螺纹　　B. 端面螺纹
   C. 等螺距圆锥螺纹　　D. 连续螺纹
4. 不属于 14 组的指令是______。
   A. G54　　B. G53　　C. G52　　D. G50

5．返回参考点指令是__________。

A．G27　　B．G28　　C．G29　　D．G30

第二节　广数 980T 系统编程实例

1．加工如图 3—1 所示工件（毛坯为 ϕ50 mm × 50 mm 的 45 钢），试编写其加工程序。

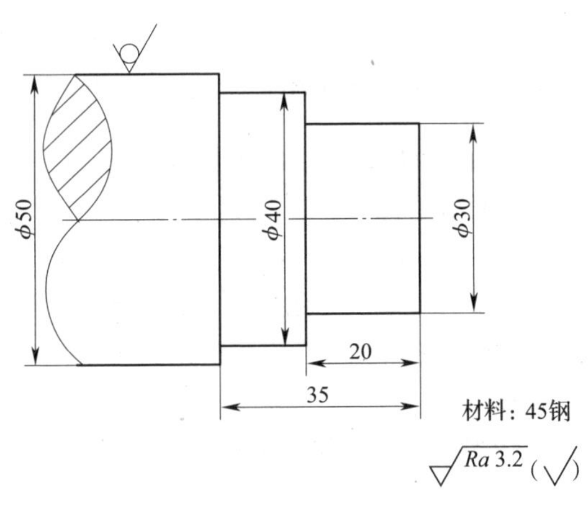

图 3—1

2．加工如图 3—2 所示工件（毛坯为 ϕ50 mm 铝棒料），加工后切断，试分析其加工步骤并编写其数控车加工程序。

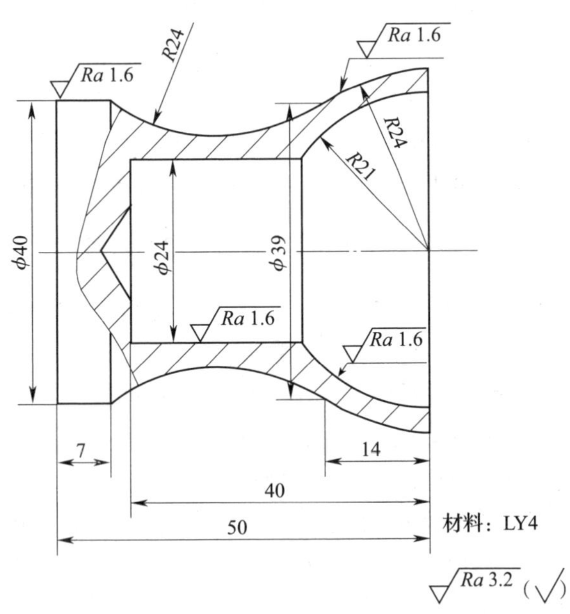

图 3—2

3. 加工如图 3—3 所示工件（毛坯为 ϕ50 mm×92 mm 的 45 钢），试编写其数控车加工程序。

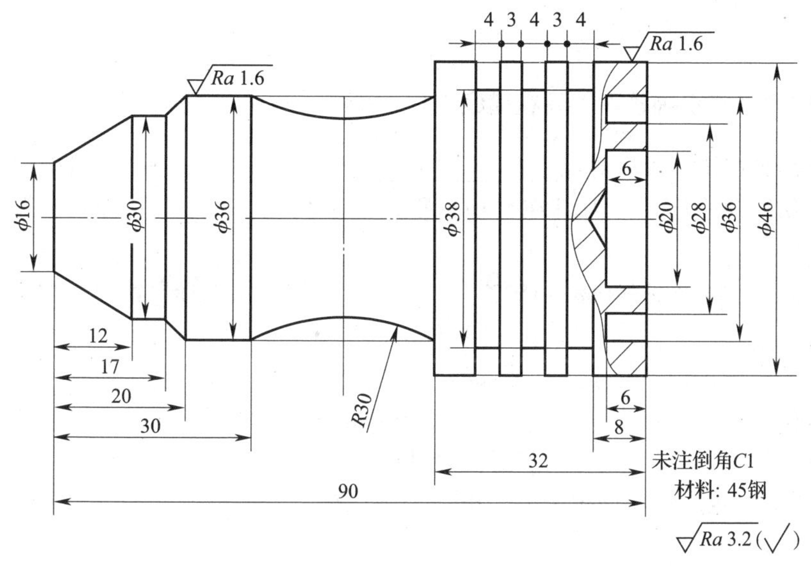

图 3—3

4. 加工如图 3—4 所示工件（毛坯为 ϕ50 mm×45 mm 的 45 钢），试编写其数控车加工程序。

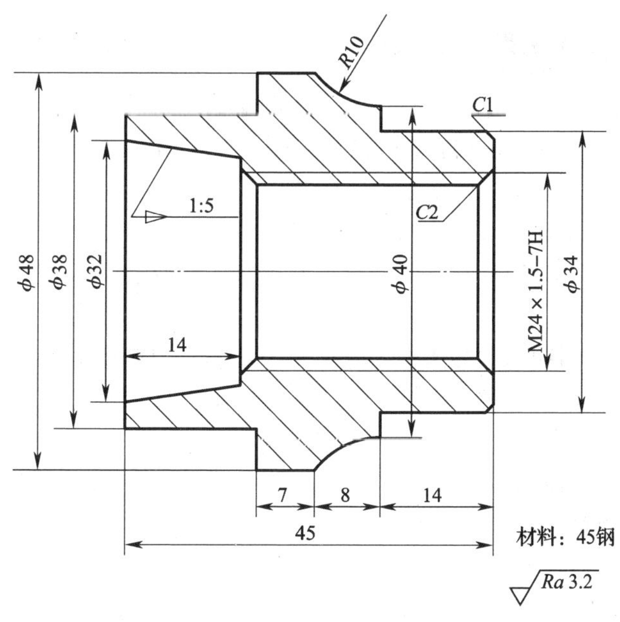

图 3—4

第三节　广数 980T 系统及其车床的操作

一、填空题（将正确答案填写在横线上）

1. 按下编辑按钮，可以对储存在__________中的__________进行编辑操作。

2. 辅助功能锁开启后，刀具在自动运行过程中的__________功能将被限制执行，M、S、T 代码指令__________。

3. 手动进给速度倍率有 0%～150% 共__________挡可供选择，快速倍率有__________、__________、__________、__________四挡。

4. 按下程序键，程序的显示、编辑等共有__________、__________和__________三页。

5. 相对位置清零，先按__________键，进入相对坐标页面，按__________键，此时所按键的地址闪烁，然后按__________键，此时在闪烁的地址的相对位置被复位成 0。

6. 绝大多数的数控机床采用手动对刀的基本方法有__________、__________、__________和__________四种。

7. 刀具补偿量的设定方法可分为__________输入和__________输入两种。

8. 解除超程报警要在刀具减速停止后，用__________模式把刀具向安全方向移动，按__________按钮解除。

9. 在__________方式、__________方式或__________方式下可以利用刀架转位按钮旋转刀架。

10. 在增量值输入方式下，要将 X 向补偿数据减小 0.1，则可键入__________，按__________键即可。

二、判断题（正确的，在括号内打“√”；错误的，在括号内打“×”）

1. 机床空运行主要用于检查程序编制是否正确，程序有没有编写格式错误。（　　）

2. 按下“EMERG STOP”按钮后，机床的动作及各种功能均被立即停止。（　　）

3. 在自动运转中变更补偿量时，新的补偿量不能立即生效。（　　）

4. 主轴的实际输出转速为参数设定值乘以主轴倍率后的数值。（　　）

5. 为了刀具及机床安全，数控车床的返回参考点操作一般应按先 Z 轴后 X 轴的顺序进行。（　　）

6. 四种基本方法中，光学对刀法的对刀精度最高。（　　）

7. 在按下进给保持按钮后，再按下循环启动按钮，机床从当前位置继续执行下面的程序。（　　）

8. 当取工件左端面 O 作为工件原点时，将车刀对刀车右端面时的机械坐标 Z 值输入到相应的刀具长度补偿中。（　　）

9. SET 键用来设定显示参数。（　　）

10. 全轴机床锁功能在开启后，刀具在自动运行过程中的移动功能将被限制执行，但能执行 M、S、T 指令。（　　）

三、选择题（将正确答案的序号填写在横线上）

1. 切削液的开关按钮在__________模式下不能直接进行切削液的开启与关闭。

A. 单步　　B. 录入　　C. 手轮　　D. 手动

2. 单步/手轮进给操作状态下，增量步长有__________几种。

A. 0.001、0.01、0.1、1

B. 1、10、100、1000

C. 0.01、0.1、1、10

D. 0.1、1、10、100

3. 编辑模式下，无法完成的操作是__________。

A. 建立一个新程序

B. 查看程序目录

C. 调用内存中存储的程序

D. 删除程序

4. 存储器中已存在 O11、O12 、O13、O14 和 O15 五个程序，将它们全部删除的正确操作是__________。

A. 在“编辑”模式下按下功能键[程序]，输入 O11、O12、O13、O14 和 O15，按[删除]键即可

B. 在“录入”模式下按下功能键[程序]，输入0－9999，按[删除]键即可

C. 在“录入”模式下按下功能键[程序]，输入 O11 按[删除]键，输入 O12 按[删除]键，输入 O13 按[删除]键，输入 O14 按[删除]键，输入 O15 按[删除]键即可

D. 在“编辑”模式下按下功能键[程序]，输入0－9999，按[删除]键即可

5. 输入过程中字的取消要按__________键。

A. CURSOR　　B. 删除　　C. 取消　　D. 修改

6. 以下不可以和自动运行按钮一起按下的按钮是__________。

A. SBK　　B. 单步　　C. DRN　　D. 机床锁

7. 辅助功能锁功能在开启后，下列 M 代码指令不执行的是__________。

A. M03　　B. M99　　C. M00　　D. M30

8. 快速倍率增减键对__________无效。

A. 固定循环中的快速进给　　B. 空运行

C. G00 快速进给　　D. G28 时的快速进给

9. 机床在手动运行状态下，遇有不正常的情况需要机床紧急停止时，可通过__________操作来实现。

A. 按下进给保持按钮或复位键或 NC 电源断开键

B. 按下紧急停止按钮或复位键或进给保持按钮

C. 按下紧急停止按钮或进给保持按钮或 NC 电源断开键

D. 按下紧急停止按钮或复位键或 NC 电源断开键

四、简答题

1. 简述机床回零的操作步骤。

2. 简述 X 轴和 Z 轴的对刀过程。

3. 简述手动操作和手摇操作的操作步骤。

4. 简述程序新建、打开和删除的操作步骤。

5. 根据按钮的图标，完成表 3—1 的填写。

表 3—1

按钮图标	中文名称	功能说明
MST		

第四章　SIEMENS SINUMERIK 802D 系统的编程与操作

第一节　SINUMERIK 802D 系统功能简介

一、填空题（将正确答案填写在横线上）

1. “G95 G01…F1.5”表示刀具的进给速度是＿＿＿＿＿，“G96 G01…S200”表示主轴的转速为＿＿＿＿＿。

2. 英制指令为＿＿＿＿＿，绝对值编程指令为＿＿＿＿＿，返回参考点指令为＿＿＿＿＿。

3. 指令“G02(03) X＿Z＿CR=＿F＿;”中的“X＿Z＿”为圆弧的＿＿＿＿＿，“CR=＿”为＿＿＿＿＿。

4. 返回机床固定点指令为＿＿＿＿＿，该指令指执行时以＿＿＿＿＿返回到＿＿＿＿＿中设置的固定点。

5. 指令“G02 X＿Z＿AR=＿F＿;”在编程中不需要指定＿＿＿＿＿和＿＿＿＿＿，由系统在＿＿＿＿＿中自动生成。

6. G59 为＿＿＿＿＿指令，该指令可以通过＿＿＿＿＿指令或＿＿＿＿＿指令取消。

7. 指令“G05 X＿Z＿IX=＿KZ=＿;”为＿＿＿＿＿指令，其中“IX=＿”为＿＿＿＿＿，“KZ=＿”为＿＿＿＿＿。

8. 指令“CT X＿Z＿;”为＿＿＿＿＿指令，其中“X＿Z＿”为＿＿＿＿＿。

二、判断题（正确的，在括号内打“√”；错误的，在括号内打“×”）

1. G53 指令是非模态指令。（　　）
2. SIEMENS 系统可以用 G91 或 U、W 指定增量坐标。（　　）
3. SIEMENS 系统数控车床的刀具功能采用 T4 位数法。（　　）
4. 采用 SIEMENS 系统的数控车床开机默认的平面选择指令为 G18。（　　）
5. 执行指令“G75 X0.0 Z0.0;”时，刀具直接从当前点直接返回工件坐标系中的点（0.0，0.0）处。（　　）
6. 加工圆弧的指令中必须指定圆心坐标。（　　）
7. 指令“G02 X＿Y＿AR=＿;”能用于编写整圆的插补程序。（　　）
8. 圆弧程序段中的 I 值为圆心相对于其起点在 X 坐标轴方向上的半径量。（　　）
9. 采用 CT 指令编程加工时，圆弧半径的大小由系统计算而得。（　　）
10. SIEMENS 系统编程时，X 轴可用半径值编程。（　　）

三、选择题（将正确答案的序号填写在横线上）

1. 下列指令中，＿＿＿＿＿是模态指令。

A. G90、G97、M03　　B. G90、G00、M06

C. G74、G90、M00　　D. G90、G04、M04

2. ＿＿＿＿＿是 SIEMENS 系统中表示点的混合坐标。

A. U20. 0　W10. 0　　B. X20. 0　Z10. 0

C. X20. 0　W10. 0　　D. X20. 0　Z = IC（10. 0）

3. SIEMENS 系统中表示英制增量的指令是＿＿＿＿＿。

A. G91 G70　　B. G90 G70　　C. G71 G91　　D. G90 G71

4. 下列 SIEMENS 系统指令中，用于表示转速单位为“mm/r”的 G 指令是＿＿＿＿＿。

A. G96　　B. G97　　C. G94　　D. G95

5. 当执行完程序段“G00 X20. 0 Z30. 0；G01 X10. 0 Z = IC（20. 0）F0. 2；X = IC（－40. 0）Z = IC（－70. 0）；”后，刀具所到达的工件坐标系的位置为＿＿＿＿＿。

A. X－40. 0 Y－70. 0　　B. X－30. 0 Y－50. 0

C. X－30. 0 Y－20. 0　　D. X－10. 0 Y－20. 0

6. 加工如图 4—1 所示圆弧 *AB*，正确的圆弧指令是＿＿＿＿＿。

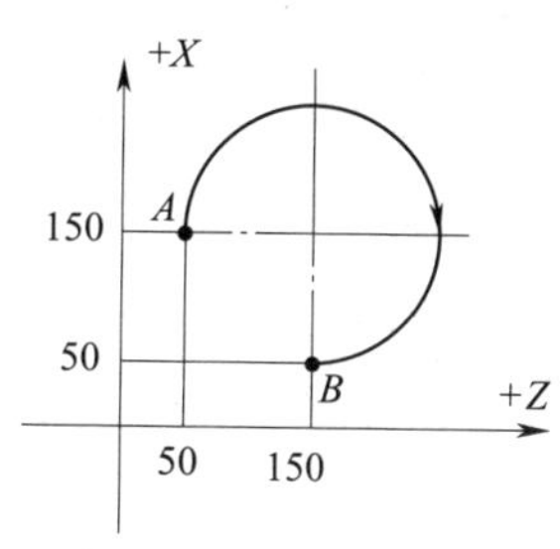

图 4—1

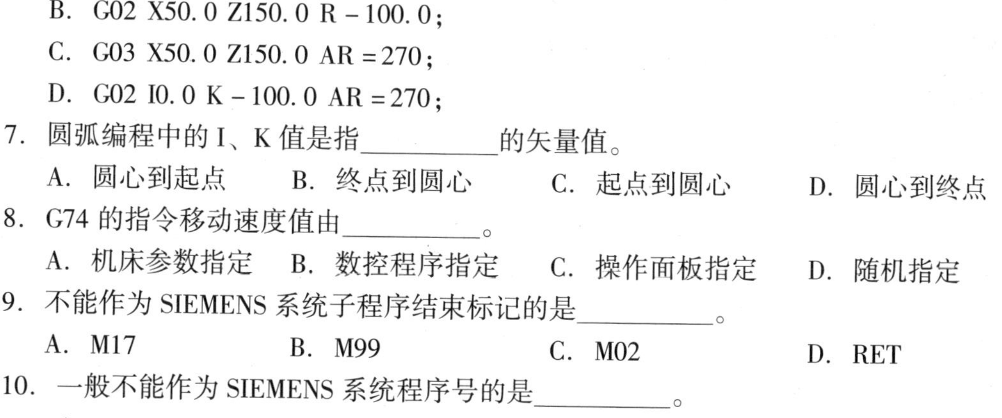

A. G03 X50. 0 Z150. 0 R－100. 0；

B. G02 X50. 0 Z150. 0 R－100. 0；

C. G03 X50. 0 Z150. 0 AR = 270；

D. G02 I0. 0 K－100. 0 AR = 270；

7. 圆弧编程中的 I、K 值是指＿＿＿＿＿的矢量值。

A. 圆心到起点　　B. 终点到圆心　　C. 起点到圆心　　D. 圆心到终点

8. G74 的指令移动速度值由＿＿＿＿＿。

A. 机床参数指定　　B. 数控程序指定　　C. 操作面板指定　　D. 随机指定

9. 不能作为 SIEMENS 系统子程序结束标记的是＿＿＿＿＿。

A. M17　　B. M99　　C. M02　　D. RET

10. 一般不能作为 SIEMENS 系统程序号的是＿＿＿＿＿。

A. ABC　　B. A99　　C. AA12　　D. AB12_2

四、简答题

1．写出 SIEMENS 系统各种加工圆弧指令的格式及各参数的含义。

2．找出下列数控车程序中的错误之处或不规范之处，说明原因，并加以修改。

```
O1234;
N10 G98 G21 G40;
N20 G00 X100.0 Z100.0;
N30 T0101;
N40 G00 Z52.0 Z2.0;
N50 M03 S600;
N60 G01 X40.0;
N70 W-32.0;
N80 G03 X50.0 Z-35.0 R3.0;
⋮
N160 G00 X100.0 Y100.0;
N170 M05;
N180 M17;
```

3．分别用不同的圆弧加工指令编写图 4—2 中 *A* 到 *D* 的轮廓（*X* 坐标值为直径量），并将其填入表 4—1 中。

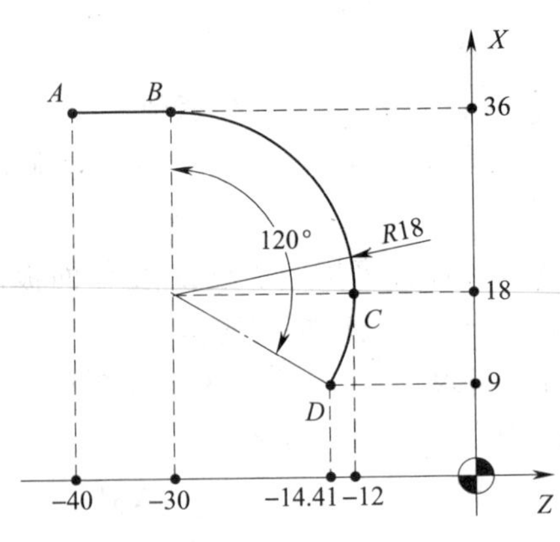

图 4—2

表 4—1

<table>
<tr><th colspan="2">坐标点</th><th>程序</th></tr>
<tr><td colspan="2">⋮</td><td>⋮</td></tr>
<tr><td colspan="2">*A*</td><td>G ________ X ________ Z ________;</td></tr>
<tr><td colspan="2">*B*</td><td>G ________ X = IC (________) Z = IC (________) F100;</td></tr>
<tr><td rowspan="6">*D*</td><td>方法一</td><td>G ________ X ________ Z ________ R ________;</td></tr>
<tr><td>方法二</td><td>G ________ X ________ Z ________ I ________ K ________;</td></tr>
<tr><td>方法三</td><td>G ________ X ________ Z ________ AR = ________;</td></tr>
<tr><td>方法四</td><td>G ________ I ________ K ________ AR = ________;</td></tr>
<tr><td>方法五</td><td>G ________ X ________ Z ________ IX = ________ KZ = ________;</td></tr>
<tr><td>方法六</td><td>________ X ________ Z ________;</td></tr>
<tr><td colspan="2">⋮</td><td>⋮</td></tr>
</table>

4. 已知某加工程序如下，加工起点为坐标原点，*X*、*Z* 向快进速度为 1 500 mm/min。

```
AA001;
N10 G90 G95 G40 G71;
N20 T01;
N30 G00 X100.0 Z100.0;
N40 M03 S600;
N50 G00 X52.0 Z2.0;
N60 G00 X0;
N70 G01 Z0 F0.3;
N80 G03 X16.0 Z-8.0 RC=8.0;
N90 G01 X20.0;
N100 X34.0 Z-18.0;
N110 Z-28.0;
N120 G02 X50.0 Z-36.0 AR=90;
N130 G00 X100.0 Z100.0;
N140 M30;
```

（1）分析程序，并完成表 4—2。

表 4—2

执行的程序段号	起点坐标（*X*，*Z*）	终点坐标（*X*，*Z*）	圆弧半径（mm）	进给速度（mm/min）	主轴转速（r/min）
N50					
N60					
N70					
N80					

续表

执行的程序段号	起点坐标（X，Z）	终点坐标（X，Z）	圆弧半径（mm）	进给速度（mm/min）	主轴转速（r/min）
N90					
N100					
N110					
N120					
N130					

（2）在图 4—3 中画出刀具中心在 ZX 平面上的运动轨迹。

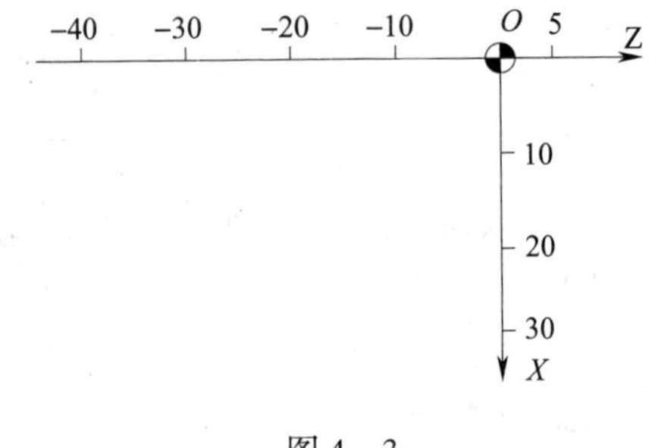

图 4—3

5. 试编写如图 4—4 所示工件的精加工程序。

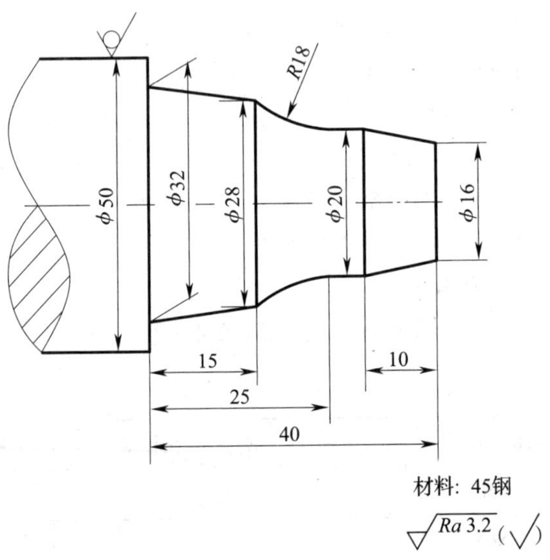

图 4—4

第二节 内、外圆切削循环

一、填空题（将正确答案填写在横线上）

1. 毛坯切削循环的加工方式用参数__________表示，按其形式分成__________类__________种。

2. CYCLE95 指令纵向加工方式是指沿__________轴方向切深进给，而沿__________轴方向切削进给的一种加工方式。

3. CYCLE95 指令综合加工是__________和__________的合成。

4. CYCLE95 指令轮廓调用时，可以将工件轮廓编写在__________中，在__________中通过参数__________进行调用。

5. CYCLE95 指令粗加工时，刀具两轴__________返回循环起点；精加工时，刀具__________返回循环起点，且先返回刀具切削__________。

6. 切槽循环的加工方式用参数__________表示，分成__________类共__________种。

7. CYCLE93 指令横向加工是指__________方向为 *Z* 方向、__________方向是 *X* 方向的一种加工方式。

8. 切槽循环参数 STA1 用于指定槽的__________，取值范围为__________，且始终用于__________。

9. 切槽循环参数 RCO 指定倒圆时，参数用__________表示；当指定为倒角时，参数用__________表示。

10. 站在__________位置观察刀具，不管是纵向切槽还是横向切槽，当__________位于槽的__________时，称为右侧起刀。

二、判断题（正确的，在括号内打“√”；错误的，在括号内打“×”）

1. SIEMENS 系统中同样配备了许多主要用于对零件进行内、外圆粗、精加工，螺纹加工，外沟槽及端面槽等加工的固定循环功能。（　）

2. CYCLE95 指令中参数 FALX 为 *X* 向的精加工余量，用直径量表示。（　）

3. CYCLE95 指令横向加工方式是指沿 *X* 轴方向切深进给，而沿 *Z* 轴方向切削进给的一种加工方式。（　）

4. CYCLE95 指令纵向加工方式中，当毛坯切削循环刀具的切深方向为 -*X* 向时，则该加工方式为纵向外部加工方式。（　）

5. CYCLE95 指令粗加工循环时，系统将自动启用刀尖圆弧半径补偿功能。（　）

6. 轮廓由直线或圆弧组成，不能在其中使用倒圆和倒棱指令。（　）

7. 切槽循环加工中，当刀具在 *X* 轴方向朝负 *X* 方向切入时，称为外部加工。（　）

8. 802D 系统的切槽循环中，DTB 参数用于设定刀具的宽度。（　）

9. 切槽循环中刀宽必须小于槽宽，否则会产生刀具宽度定义错误的报警。（　）

10. 切槽加工中的刀具分层切深进给后，刀具回退量为 0.5 mm。（　）

三、选择题（将正确答案的序号填写在横线上）

1. 下列 CYCLE95 指令的参数中，要用半径量表示的是__________。

A. MID　　B. FALZ　　C. FALX　　D. DAM

2. 图 4—5 中属于毛坯切削循环指令纵向内部加工的是__________。

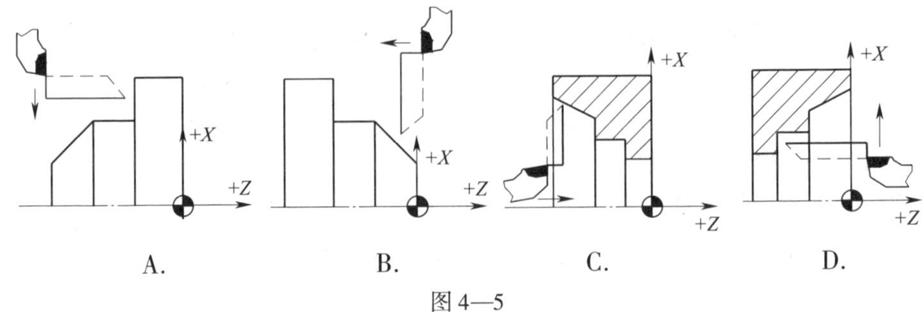

图 4—5

3. 图 4—6 中属于毛坯切削循环指令横向内部加工的是__________。

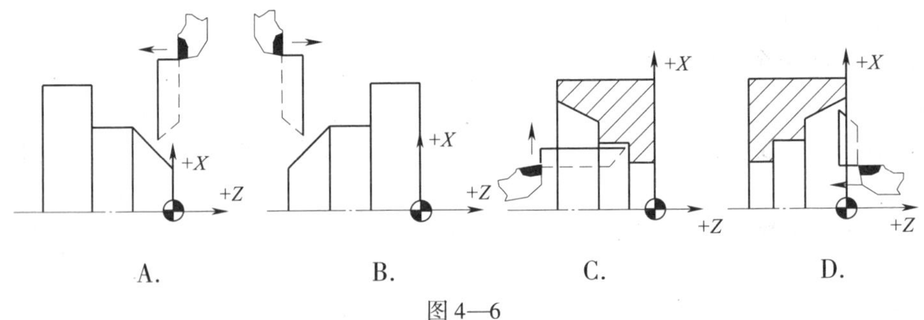

图 4—6

4. 定义轮廓的第一个程序段不能含有__________指令。

A. G00　　B. G01　　C. G02　　D. G74

5. CYCLE95 指令加工如图 4—7 所示工件轮廓时，4 个内凹轮廓的加工顺序是__________。

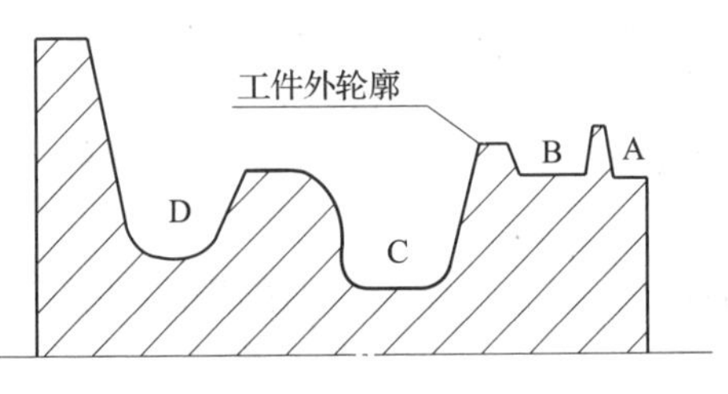

图 4—7

A. A—B—D—C　　B. A—C—D—B　　C. A—B—C—D　　D. D—B—A—C

6. 关于 CYCLE95 指令叙述不正确的是__________。

A. 轮廓必须含有三个具有两个进给轴的加工平面内的运动程序段

B. 仅能加工单调递增或单调递减的轮廓

C. 实际切削时的进刀深度不一定与参数 MID 定义的值相等

D. 用“ANFANG：ENDE”表示的轮廓，可以直接跟在主程序循环后调用

7. 图 4—8 中属于切槽循环指令横向内部加工的是＿＿＿＿＿。

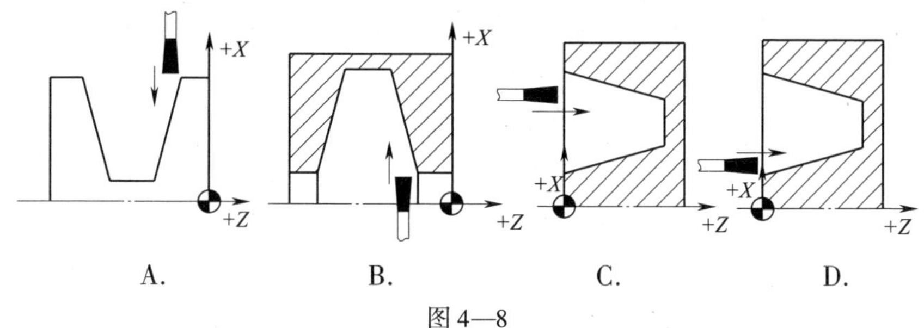

图 4—8

8. 图 4—9 中属于切槽循环指令横向加工起刀点为左侧的是＿＿＿＿＿。

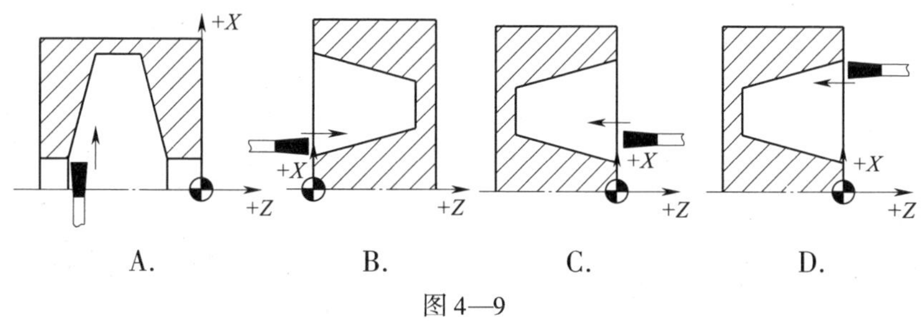

图 4—9

9. 参数 DTB 中设定的槽底停留时间最小值为主轴旋转＿＿＿＿＿周的时间。

A. 0　　B. 0.5　　C. 1　　D. 2

10. 切槽加工中的刀具分层切深进给后，刀具回退量为＿＿＿＿＿ mm。

A. 0　　B. 0.5　　C. 15　　D. 1

四、简答题

1. 写出 CYCLE95 指令的格式及各参数的含义。

2. 写出 CYCLE93 指令的格式及各参数的含义。

3．简述毛坯切削循环指令和切槽循环指令加工中横向加工方式、纵向加工方式、外部加工方式及内部加工方式。

4．简述切槽循环指令加工时左侧或右侧起刀的判断方法。

五、编程题

1．加工如图 4—10 所示工件（毛坯为 $\phi60$ mm × 92 mm 的 45 钢），试编写其加工程序。

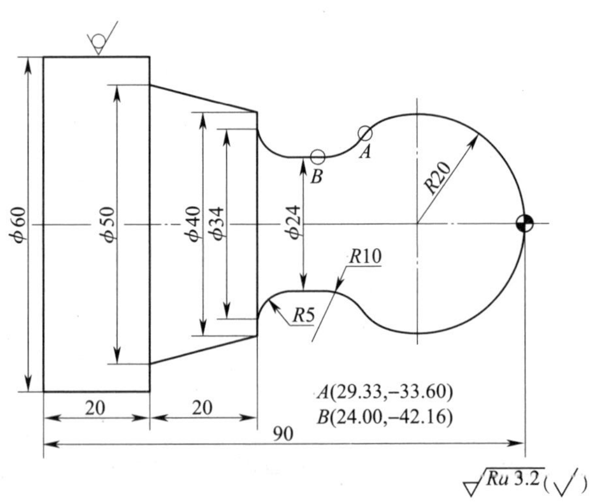

图 4—10

2. 加工如图 4—11 所示工件（外圆已加工好，ϕ28 mm 孔已钻），试编写其加工程序。

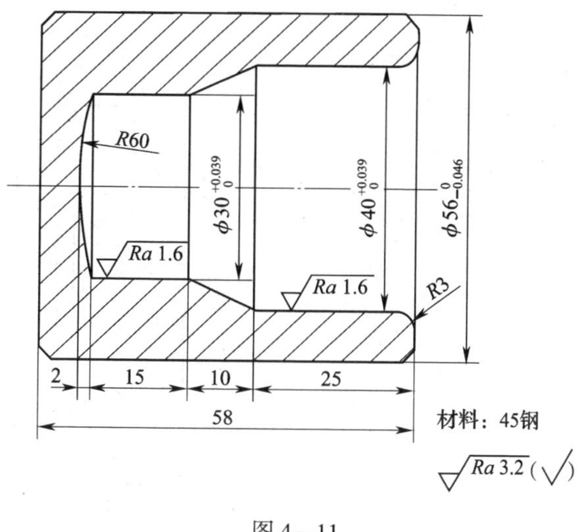

图 4—11

3. 加工如图 4—12 所示工件（毛坯为 ϕ50 mm × 102 mm 的 45 钢），试编写其加工程序。

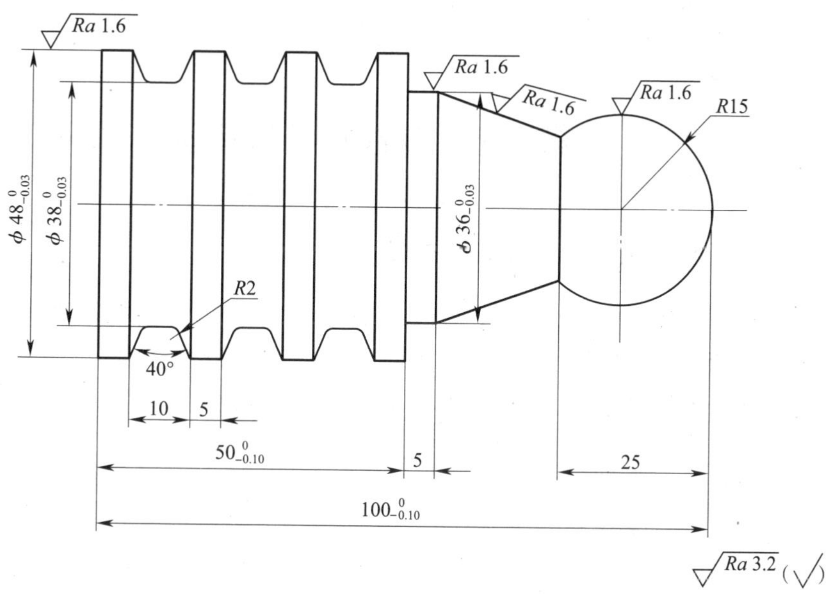

图 4—12

4. 加工如图 4—13 所示工件（毛坯为 ϕ50 mm×60 mm 的 45 钢），试编写其加工程序。

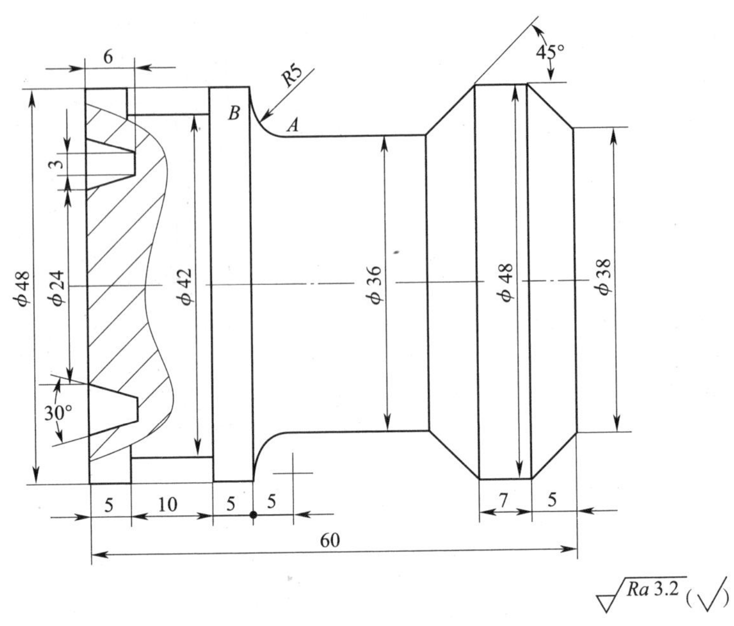

图 4—13

第三节　螺纹加工与其固定循环

一、填空题（将正确答案填写在横线上）

1. 加工等螺距圆柱螺纹时，FANUC 系统的 G32 指令中用参数__________表示螺纹导程，SIEMENS 系统的 G33 指令用参数__________表示螺纹导程。

2. 用 G33 指令加工等螺距圆锥螺纹，当锥角小于 45°时，用参数__________表示__________向螺距；当锥角大于 45°时，用参数__________表示__________向螺距。

3. 加工左旋螺纹或右旋螺纹可由__________确定，还可在其他条件不变的情况下，通过改变__________确定。

4. 采用指令“G35 X __ Z __ K __ F __;”进行编程时，指令中的参数“X(U) __ Z(W) __”用于表示____________________，“K __”用于表示__________，“F __”用于表示____________________。

5. 采用指令“G33 Z __ K __ SF __;”进行编程时，指令中的参数“SF __”用于表示__________，其单位为__________，如果是__________螺纹，则该值不用指定并为 0。

6. 当参数 IANG 值为正值时，刀具始终沿__________进刀；当参数 IANG 值为负值时，刀具__________________进刀。

7. 空刀导入量用参数__________表示，该值一般取__________；空刀退出量用参数__________表示，该值一般取__________。

8. 参数 MPIT 表示__________，其螺距的大小则由____________________确定。

二、判断题（正确的，在括号内打“√”；错误的，在括号内打“×”）

1. SIEMENS 802C/S 系统中螺纹切削指令有 G33、G34、G35、CYCLE97。（ ）

2. G33 不仅可以加工等螺距的圆柱和圆锥螺纹，还能加工变螺距螺纹。（ ）

3. 在使用 G34 指令切削螺纹过程中按下了循环暂停按钮，刀具将在执行了非螺纹切削的程序段后停止。（ ）

4. CYCLE97 中螺纹的螺距可用两种方法表示，用参数 PIT 表示实际螺距数值的大小或用参数 MPIT 表示螺纹公称直径的大小。（ ）

5. PIT 表示螺纹的螺距，MPIT 表示螺纹的公称直径，编程时不能同时选用。（ ）

6. 斜进法进刀时，每次的背吃刀量均相等，随着切削深度的增加，容易产生扎刀现象。（ ）

7. 使用 CYCLE97 编程时，TDEP 参数的取值与 DM 参数无关。（ ）

8. “G35 X __ I __ F __;”中，参数“F __”表示主轴每转螺距的增量或减量。（ ）

三、选择题（将正确答案的序号填写在横线上）

1. 下列指令不能加工端面螺纹的是__________。

A. G35　　B. G34　　C. G33　　D. G32

2. 螺纹切削过程中，有效的是__________。

A. 急停按钮　　B. 进给倍率　　C. 循环暂停按钮　　D. 主轴倍率

3. 圆锥螺纹的锥角为60°时，其螺距用参数__________表示。

A. F　　B. SF　　C. I　　D. K

4. 下列指令中用来加工减螺距圆锥螺纹的是__________。

A. G35 X40.0 Z－10.0 I2.0 F0.01;　　B. G35 X40.0 Z－10.0 K2.0 F0.01;

C. G34 X40.0 Z－10.0 I2.0 F0.01;　　D. G34 X40.0 Z－10.0 K2.0 F0.01;

5. 下列 CYCLE97 指令的参数中，必须用半径量来表示的是__________。

A. MPIT　　B. DM1　　C. FAL　　D. TDEP

6. CYCLE97 的加工方式参数 VARI 值为 3 时，表示__________。

A. 内部恒定背吃刀量进给　　B. 外部恒定背吃刀量进给

C. 内部恒定切除截面积进给　　D. 外部恒定切除截面积进给

7. 恒定背吃刀量进给方式进行螺纹粗加工时，背吃刀量的值由参数__________确定。

A. TDEP、FAL 和 IANG　　B. TDEP、FAL 和 NRC

C. PIT、FAL 和 NRC　　D. TDEP、VARI 和 NRC

8. CYCLE97 指令中使用 MPIT 参数时，只能加工__________。

A. 普通粗牙螺纹　　B. 普通细牙螺纹

C. 梯形螺纹　　D. 锯齿形螺纹

四、简答题

1．写出 G33 指令可加工螺纹的种类、相应的指令格式及各参数的含义。

2．写出 CYCLE97 指令的格式及各参数的含义。

五、编程题

1．加工如图 4—14 所示工件（毛坯为 ϕ40 mm×60 mm 的 45 钢），试编写其加工程序。

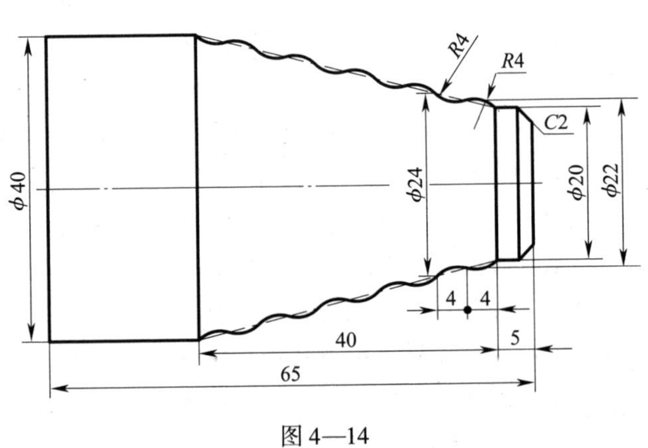

图 4—14

2. 加工如图 4—15 所示工件，编写螺纹的数控车加工程序。

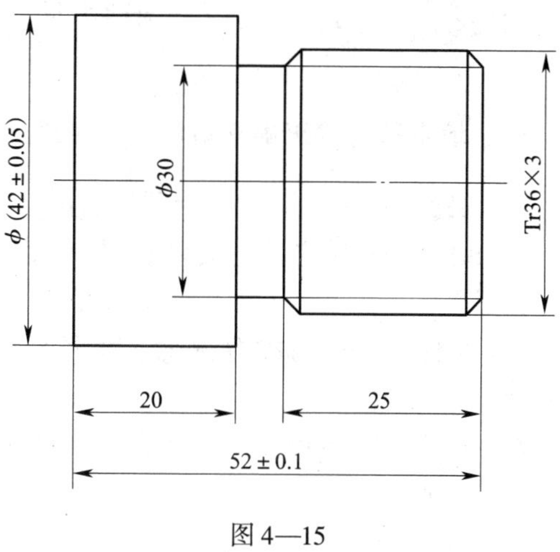

图 4—15

3. 加工如图 4—16 所示工件，试编写其加工程序。

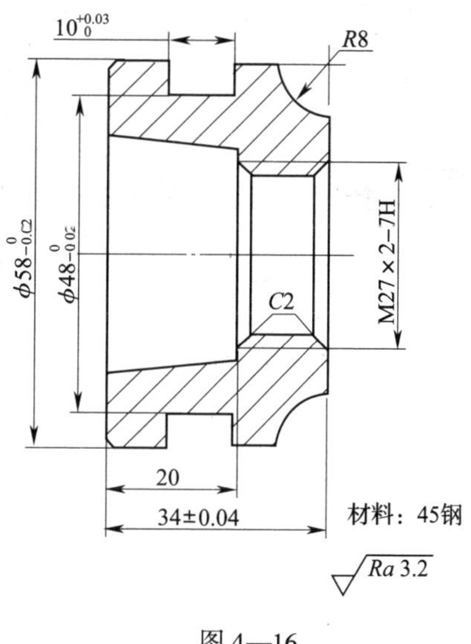

图 4—16

第四节　子　程　序

一、填空题（将正确答案填写在横线上）

1. SIEMENS 数控系统规定程序名由__________和__________组成。

2. SIEMENS 数控系统文件扩展名有两种，“. MPF”表示__________，“. SPF”表示__________。

3. 以地址“L”加数字来命名程序名，L 后的值可有__________位，如省略其后缀，则默认为__________。

4. 子程序的调用指令“L2345 P0003;”中，子程序名为__________，调用次数为__________次。

5. SIEMENS 数控系统命名文件名时，字符间不能有__________，且最多不能超过__________字符。

二、判断题（正确的，在括号内打“√”；错误的，在括号内打“×”）

1. SIEMENS 系统中可以用下划线来命名文件名。（　　）

2. SIEMENS 数控系统对文件命名时，如省略其后缀，则默认为“. SPF”。（　　）

3. SIEMENS 数控系统的文件名中数字前的零可以省略，如 L123 与 L00123 相同。（　　）

4. 在 SIEMENS 802C/S/D 系统中，子程序可有四级程序界面，即三级嵌套。（　　）

5. 用 M02 指令结束子程序并返回主程序时，不会中断 G64 连续路径运行方式。（　　）

三、选择题（将正确答案的序号填写在横线上）

1. 下列符合 SIEMENS 系统命名规则的主程序名是__________。

A. AA1234. SPF　　B. L12_34. MPF

C. A1133. MPF　　D. L12_32

2. 下列符合 SIEMENS 系统命名规则的子程序名是__________。

A. L1234　　B. AB1234

C. A1133. SPF　　D. L1232

3. 在 SIEMENS 系统中，子程序的结束标记不能是__________。

A. RET　　B. M2

C. M99　　D. M17

4. 子程序 YS3456. SPF 调用 5 次的格式是__________。

A. YS3456. SPF P5　　B. L3456 P5

C. YS3456 P5　　D. M98 YS3456 L5

5. 下列关于子程序叙述不正确的是__________。

A. FANUC 系统子程序用 M98 指令调用

B. SIEMENS 系统子程序能被内、外圆切削循环指令调用

C. FANUC 系统子程序能用 M99 结束，单独占一行

D. SIEMENS 系统可以直接用程序名调用子程序，子程序调用要单独占一行

四、简答题

1. 简述 SIEMENS 系统主程序和子程序命名的方法。

2. 简述 SIEMENS 系统子程序调用的方法。

3. 简述 FANUC 系统和 SIEMENS 系统子程序的区别。

五、编程题

1. 加工如图 4—17 所示工件外圆槽，切槽刀刀宽为 3 mm，试采用子程序方式编写其数控车加工程序。

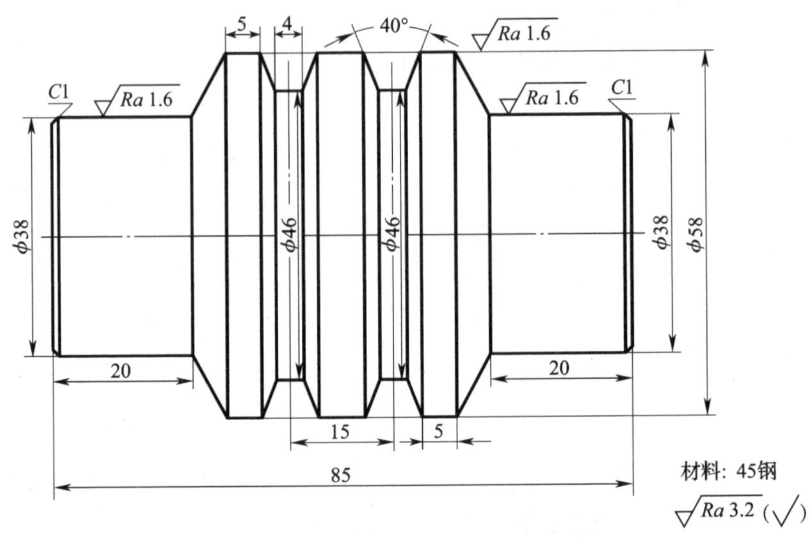

图 4—17

2. 加工如图 4—18 所示工件（毛坯为 $\phi35$ mm × 50 mm 的 45 钢），试编写其加工程序。

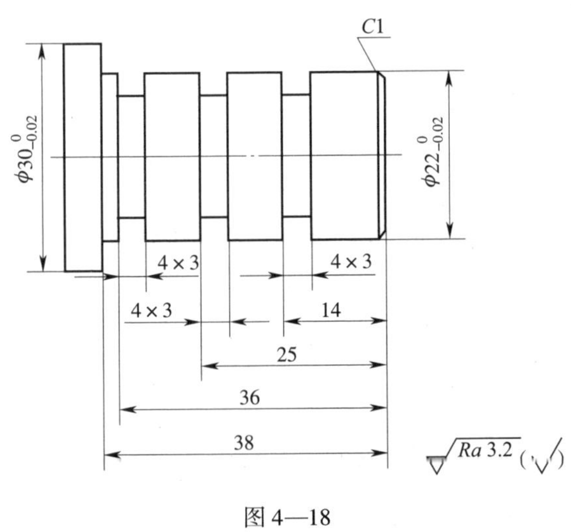

图 4—18

第五节 SINUMERIK 802D 系统及其车床的操作

一、填空题（将正确答案填写在横线上）

1. 当机床出现超程报警时，按下________按钮不要松开，然后用________反向移动该轴，从而解除超程报警。

2. SIEMENS 802D 系统的屏幕分________、________、________三部分。

3. 在回参考点过程中，改变运行方式后系统显示 016907 报警，按________键或________键，即可消除其报警信号。

4. 在［编辑］的垂直软键子菜单中，可以使用程序段的________、________、________和________功能。

5. 进入增量模式是在________运行方式下按________键，结束增量模式按________键。

6. 建立新程序要先按________键进入程序管理窗口，按垂直软键________，在对话窗口中输入新程序名，按________键，生成新程序名。

7. 解释各按钮的含义：SBK 表示__________，OFF PARA 表示__________，________表示系统复位。

8. 程序中有个别字符错误，只需把光标定位到该字符的________，然后用________键删除错误，再________。

9. 加工循环可以在________进行手动输入，也可以通过________输入。

10. 在自动加工过程中按下________垂直软键，程序运行，但刀具不运动，主要用来____________。

二、判断题（正确的，在括号内打“√”；错误的，在括号内打“×”）

1. 回参考点时，必须一直按住“+X”键或“+Z”键。（ ）

2. 电源开按钮被按下，只有数控系统供电。（ ）

3. 在 X、Z 轴回参考点过程中，如果选择了错误的回参考点方向，系统将显示 016907 报警。（ ）

4. SIEMENS 系统中，EOB 键用于确认输入内容，编程时按该键，光标另起一行。（ ）

5. ALARM 键用于消除数控系统的报警信号。（ ）

6. 屏幕上坐标轴图标由“○”变成“◐”，表示该坐标轴已回到参考点。（ ）

7. 在回参考点时，只要按一下 X 轴或 Z 轴正向“点动”键即可。（ ）

8. 在 MDI 窗口的命令行中，输入程序段执行完毕后，命令行中的内容仍然保留，并可重复执行，直至输入新的内容替换它。（ ）

9. 在 MDI 方式下，不能执行含固定循环指令的程序段。（ ）

10. 程序编辑时进行的任何修改，均立即被存储。（ ）

三、选择题（将正确答案的序号填写在横线上）

1. 当__________，不必重新进行回参考点操作。
   A. 机床断电后重新接通电源时　　B. 机床解除急停状态后
   C. 工件加工结束后　　D. 机床超程报警解除后
2. 能实现 $-X$ 方向上的快速进给的操作是__________。
   A. “JOG” 模式下，按下 “ –X” 方向键不松开
   B. “JOG” 模式下，按一下 RAPID 按钮，再按下 “ –X” 方向键不松开
   C. “JOG” 模式下，按下 “ –X” 方向键不松开，同时调节进给速度倍率旋钮
   D. “JOG” 模式下，同时按住 RAPID 按钮和 “ –X” 方向键不松开
3. SIEMENS 系统中，自动运行控制键中没有__________。
   A. “AUTO” 键　　B. “RESET” 键
   C. “CYCLE START” 键　　D. “CYCLE STOP” 键
4. 按下 TAB 键，当前光标位置前插入__________个空格。
   A. 2　　B. 3　　C. 4　　D. 5
5. SIEMENS 系统中，按下__________键，删除光标前的一个字符。
   A. BACKSPACE　　B. DEL　　C. INPUT　　D. CAN
6. 按 “JOG” 键进入手动运行方式后，不能进行__________操作。
   A. 手轮进给　　B. 增量进给　　C. 空运行进给　　D. 慢速工进
7. 在［编辑］的垂直软键子菜单中没有__________功能。
   A. 标记　　B. 定位　　C. 删除　　D. 拷贝
8. 在程序编辑窗口，按水平软键［车削］不会出现__________软键。
   A. 端面　　B. 切削　　C. 螺纹　　D. 凹槽
9. 自动加工窗口下实现程序控制功能的垂直软键中没有以下哪个？__________
   A. 程序测试　　B. 模态调用　　C. 空运行进给　　D. ROV 有效
10. 下列叙述不正确的是__________。
    A. 使用自动运行功能之前，机床刀架必须回参考点
    B. 零件程序未处于执行状态时，方可进行编辑
    C. 在回参考点过程中，若松开 X 轴或 Z 轴正向 “点动” 键，机床会停止动作
    D. 自动加工时，“进给速度修调倍率” 旋钮对快速运行无效

四、简答题

1. 简述回参考点操作步骤。

2. 简述 X 轴和 Z 轴的对刀过程。

3. 简述手动操作和手轮操作的操作步骤。

4. 简述程序新建、打开和删除的操作步骤。

5. 将表 4—3 中按钮图标和对应的英文名称用直线连接，并在英文名称后说明该按钮的功能。

表 4—3

按钮图标	英文名称	功能
	AUTO	
	REF	
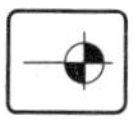	SBK	
	MDI	
	VAR	
	JOG	

第五章　SIEMENS SINUMERIK 828D 系统的编程与操作

第一节　SINUMERIK 828D 系统功能简介

一、填空题（将正确答案填写在横线上）

1. SIEMENS SINUMERIK 828D 系统未提供数控车削的循环____代码指令，而是通过系统________采用人机对话方式进行编程，使数控加工编程更加快捷和直观。

2. 在系统 HIM（触摸屏）界面上，按照参数输入格式，根据系统界面的提示，填写或输入________，系统就可以自动完成循环指令的编程，从而提高了________和正确度。

3. SIEMENS SINUMERIK 828D 系统是新一代的数控系统，该系统常用功能指令主要分为三类，即____功能指令、____功能指令及____功能指令。

4. 不同组的 G 指令在同一程序段中可以指令多个。如果在同一程序段中出现了多个同组的 G 指令，仅执行________的那一个。

5. SIEMENS SINUMERIK 828D 系统常用准备功能指令用字母____ 表示，辅助功能指令用字母____表示。

二、判断题（正确的，在括号内打“√”；错误的，在括号内打“×”）

1. SIEMENS SINUMERIK 828D 系统的编程不可以采用混合编程。（　　）

2. SIEMENS SINUMERIK 828D 系统的开机默认指令有 G90、G95、G71、G40、G18。（　　）

3. 不同组的 G 指令在同一程序段中不可以有多个。（　　）

4. 顺、逆圆弧插补指令 G02/G03 中，圆弧张角即圆弧轮廓所对应的圆心角，单位是度（0.000 01°～359.999 99°）。（　　）

5. SIEMENS SINUMERIK 828D 数控系统圆弧插补终点和张角的圆弧插补程序段中不需指令其圆弧半径和圆心坐标，由系统在插补过程中自动生成。（　　）

三、选择题（将正确答案的序号填写在横线上）

1. 下列指令中，________是模态指令。

A. G75　　B. G53　　C. G04　　D. G00

2. 下列指令中，________是开机默认指令。

A. G94　　B. G95　　C. G96　　D. G97

3. 终点和张角的圆弧插补指令格式为________。

A. G02/G03 X ZR = ;　　B. G02/G03 X Z AR = ;

C. G02/G03 X Z CR = ;　　　　D. G02/G03 X Z RR = ;

4. 下列圆弧插补格式错误的是________。

A. G02/G03 X ZR = ;　　　　B. G02/G03 X Z AR = ;

C. G02/G03 I K AR = ;　　　　D. G02/G03 X ZCR = ;

5. 中间点圆弧插补指令格式为"G05 X Z I1 K1;"，下列描述正确的是________。

A. I1——圆弧上任一中间点在 *Z* 坐标轴上的半径量

B. K1——圆弧上任一中间点的 *X* 向坐标值

C. I1——圆弧上任一中间点在 *Y* 坐标轴上的半径量

D. K1——圆弧上任一中间点的 *Z* 向坐标值

第二节　内、外圆车削循环

一、简答题

1. 请简述轮廓车削固定循环指令 CYCLE951 的指令格式。

2. 请简述切槽固定循环指令 CYCLE930 的指令格式。

3. 请简述螺纹切削固定循环指令 CYCLE99 的指令格式。

二、编程题

1. 加工如图 5—1 所示工件（毛坯为 $\phi 50$ mm × 90 mm 的 45 钢），试编写其加工程序。

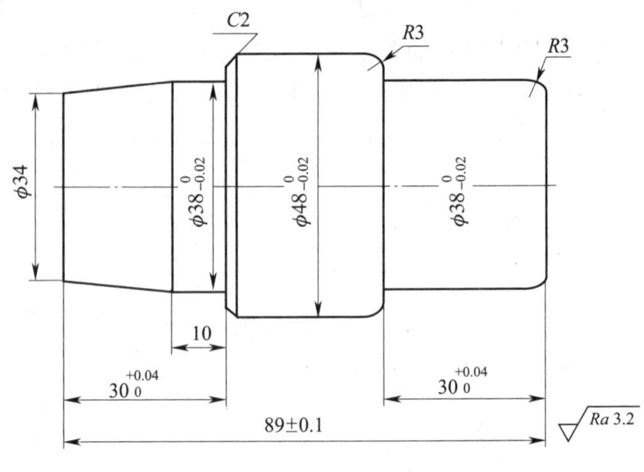

图 5—1

2. 加工如图 5—2 所示工件（毛坯为 $\phi 50$ mm × 90 mm 的 45 钢），试编写其加工程序。

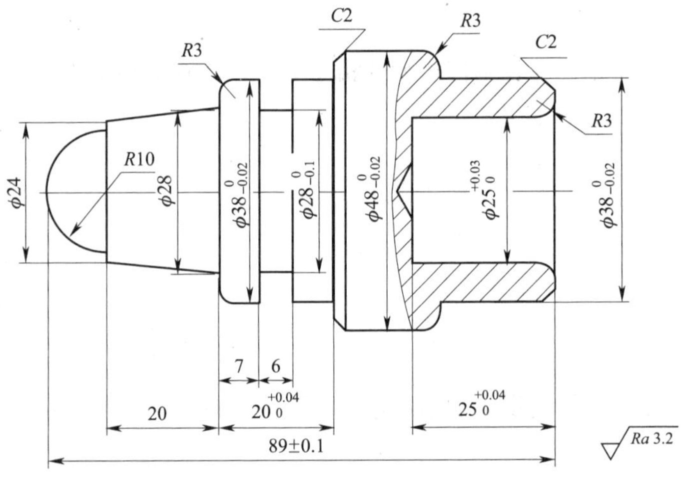

图 5—2

3．加工如图 5—3 所示工件（毛坯为 ϕ50 mm × 90 mm 的 45 钢），试编写其加工程序。

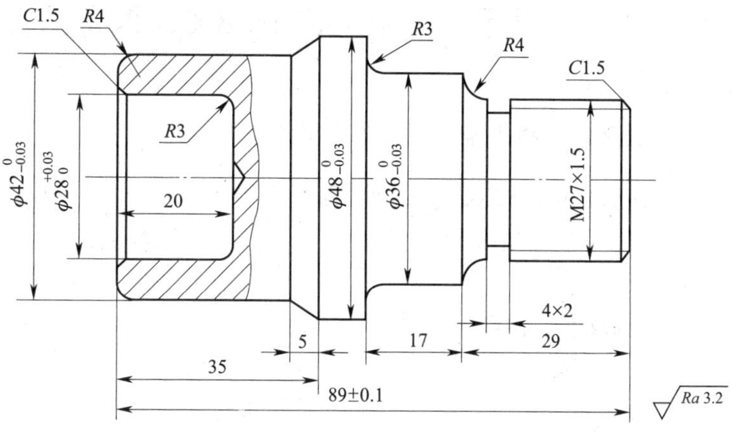

图 5—3

4．加工如图 5—4 所示工件（毛坯为 ϕ50 mm × 90 mm 的 45 钢），试编写其加工程序。

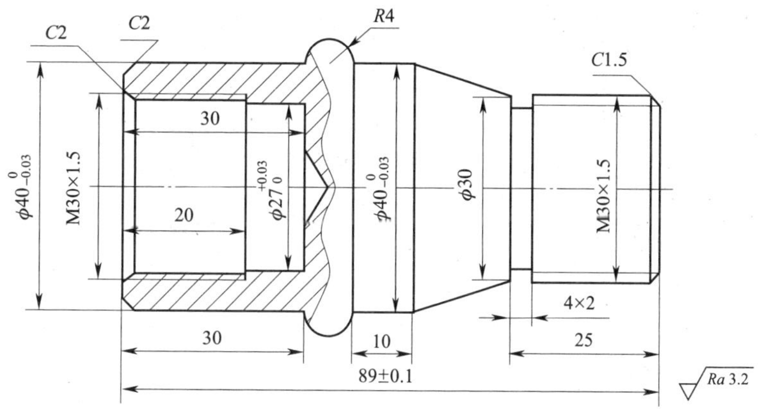

图 5—4

第三节 SINUMERIK 828D 系统数控车床操作

一、填空题（将正确答案填写在横线上）

1. SINUMERIK 828D 系统操作面板主要由__________和______________等组成。

2. 当出现紧急情况时应按下________，在屏幕上出现______字样，机床报警指示灯________。

3. 主轴反转、停转、正转选择键仅在__________或__________模式下有效。

4. 对刀结束后，为保证对刀的正确性，在____________选刀，并调用____________，手动移动刀具靠近工件，观察刀具与工件间的实际相对位置，对照屏幕显示的__________，判断____________设定是否正确。

5. 建立新程序，按________________，进入程序管理窗口。移动光标键，选择零件程序放置的位置。按____________，出现建立新程序对话窗口，在该窗口中输入新程序名。

6. 打开和关闭程序时，应选择按键________________打开程序管理器，移动光标键至目标目录或要打开的程序名上。按右侧______________、____________或__________打开光标所在的目录或程序。按右侧______________、______或__________，则关闭当前打开的程序。

7. 增量模式下每按一次________，刀架向相应方向移动一个步进增量，按________结束增量模式，返回手动运行方式。

8. 自动运行时在程序管理器中打开所需要的程序，按下______________，选择____________，系统自动切换到“加工”操作区。按下________________开始执行程序，自动加工工件。在程序自动执行过程中，可以通过程序____________实现程序运行暂停功能。

9. 在输入的程序中发现有字符错误，只需将光标键移动至该字符的右侧或左侧，然后用______________或________删除错误字符，再重新输入正确的字符即可。

二、判断题（正确的，在括号内打“√”；错误的，在括号内打“×”）

1. 不同组的 G 指令在同一程序段中可以指令多个。（ ）

2. 如果在同一程序段中指令了多个同组的 G 指令，仅执行最后指定的那一个。（ ）

3. 圆弧张角即圆弧轮廓所对应的圆心角，单位是度（0.000 01°~359.999 99°）。（ ）

4. 编程时应特别注意在各种圆弧程序段中的 I 值均为圆心相对于其起点在 *X* 坐标轴方向上的半径量。（ ）

5. 轮廓车削固定循环指令格式 CYCLE951（SPD、SPL、EPD、EPL、ZPD、ZPL、LAGE、MID、FALX、FALZ、VARI、RF1、RF2、RF3、SDIS、FF1、NR、DMODE、AMODE）可用于简单的各种形状的台阶轴的切削。（ ）

6. 在 JOG 模式下可进行手动切削进给、手动快速进给、程序编辑、对刀操作等。（ ）

7. 若需进行“回零”操作或利用“JOG”模式进行手动进给，则需先把手轮上轴的旋钮拨至“OFF”处，再进行相关操作。（ ）

8. Z 方向的对刀是在“JOG”运行方式下车工件端面，车完端面可按任意方向 + 键退出。（　　）

9. 使用自动运行功能前，机床刀架必须回参考点。（　　）

10. 在编辑程序状态下，零件程序处于执行状态时，也可进行编辑处理。（　　）

三、选择题（将正确答案的序号填写在横线上）

1. 在单步/手轮进给操作状态下，增量步长有________。

   A. ×1　　×10　　×100

   B. ×1　　×10　　×100　　×1000　　×10000

   C. ×1　　×10　　×100　　×1000

   D. ×10　　×100　　×1000

2. 以下关于模式按钮的阐述不正确的是________。

   A. JOG 模式可进行手动切削进给、手动快速进给、程序编辑、对刀操作等

   B. REPOS 模式不能重新定位和重新接近轮廓

   C. REF. POINT 模式可进行回参考点操作

   D. TEACH. IN 模式可以在与机床的交互模式中编辑程序

3. 在 SIEMENS 系统中，在［编辑］垂直软键子菜单中没有________功能。

   A. 标记　　B. 删除　　C. 拷贝　　D. 定位

4. 下列关于程序编辑时的注意事项中，阐述不正确的是________。

   A. 零件程序未处于执行状态时，方可进行编辑处理

   B. 若需要对原有程序进行编辑，可以通过“程序管理器”用光标选择待编辑的程序，然后选择软键［打开］，即可编辑程序

   C. 加工程序中的任何修改均被数控系统即时存储

   D. 所有程序加工完成关机后均不会被保存

5. 下列关于进给速率旋钮的作用阐述不正确的是________。

   A. 进给速度可在 0% ~120% 范围内变化

   B. 在快速行程中最高只能达到 100%

   C. 新的调节值在屏幕中显示为绝对值和百分比值

   D. 在加工过程中不能任意改变进给速率

四、简答题

1. 简述回参考点的步骤。

2. 简述开机和关机的操作步骤。

3. 简述建立新程序的步骤。

4. 简述自动运行的操作过程。

5. 简述打开和关闭程序的操作步骤。

第六章　中级职业技能鉴定应会试题

中级数控车工应会试题 1

加工如图 6—1 所示工件（毛坯为 $\phi50$ mm × 90 mm 的 45 钢），已钻出 $\phi20$ mm 的孔，试编写其数控车加工程序。评分表见表 6—1。

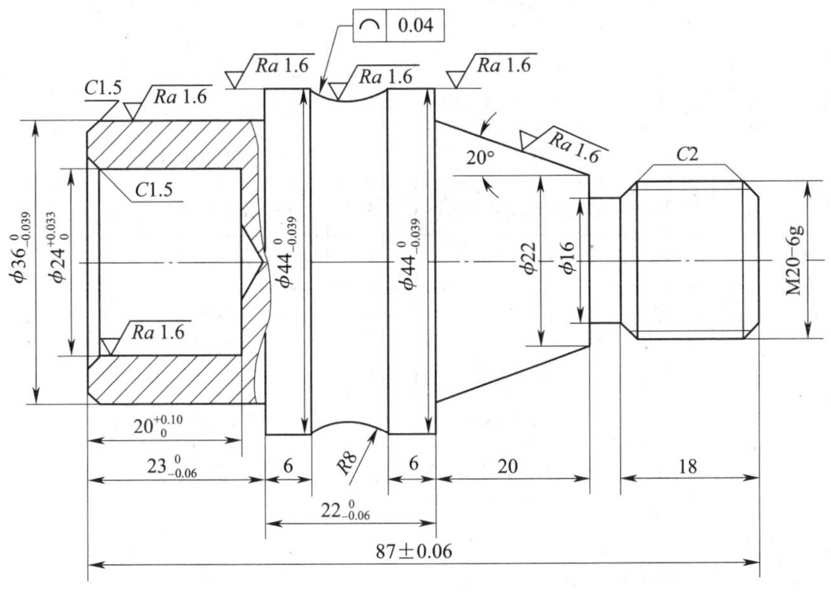

图 6—1

表 6—1　　中级数控车工应会试题 1 评分表

工件编号				总得分			
项目与配分		序号	技术要求	配分	评分标准	检测记录	得分
工件加工评分（75%）	外形轮廓（52.5）	1	$\phi44_{-0.039}^{0}$ mm	5×2	超差 0.01 mm 扣 2 分		
		2	$\phi36_{-0.039}^{0}$ mm	5	超差 0.01 mm 扣 2 分		
		3	$23_{-0.06}^{0}$ mm	3	超差 0.02 mm 扣 1 分		
		4	$22_{-0.06}^{0}$ mm	3	超差 0.02 mm 扣 1 分		
		5	线轮廓度 0.04 mm	3	超差 0.01 mm 扣 1 分		
		6	锥度正确	3	超差全扣		
		7	（87±0.06）mm	5	超差 0.01 mm 扣 1 分		
		8	M20－6g	10	超差全扣		
		9	*Ra*1.6 μm	5	每错一处扣 1 分		
		10	*Ra*6.3 μm	2.5	每错一处扣 0.5 分		
		11	槽 4 mm×ϕ16 mm	3	超差全扣		
	内轮廓（9.5）	12	$\phi24_{0}^{+0.033}$ mm	5	超差 0.01 mm 扣 2 分		
		13	$20_{0}^{+0.10}$ mm	3	超差 0.02 mm 扣 1 分		
		14	*Ra*1.6 μm	1	超差全扣		
		15	*Ra*6.3 μm	0.5	超差全扣		
	其他（13）	16	一般尺寸 IT14	3	每错一处扣 1 分		
		17	倒角	4	每错一处扣 1 分		
		18	工件按时完成	3	未按时完成全扣		
		19	工件无缺陷	3	缺陷一处扣 3 分		
程序与工艺（15%）		20	程序正确合理	10	每错一处扣 2 分		
		21	加工工序卡正确合理	5	不合理每处扣 2 分		
机床操作（10%）		22	机床操作规范	5	出错一次扣 2 分		
		23	工件、刀具装夹正确	5	出错一次扣 2 分		
安全文明生产（倒扣分）		24	安全操作	倒扣	安全事故停止操作或酌情扣 5～30 分		
		25	机床整理	倒扣			

中级数控车工应会试题 2

加工如图 6—2 所示工件（毛坯为 ϕ50 mm × 92 mm 的 45 钢），已钻出 ϕ18 mm 的孔，试编写其数控车加工程序。评分表见表 6—2。

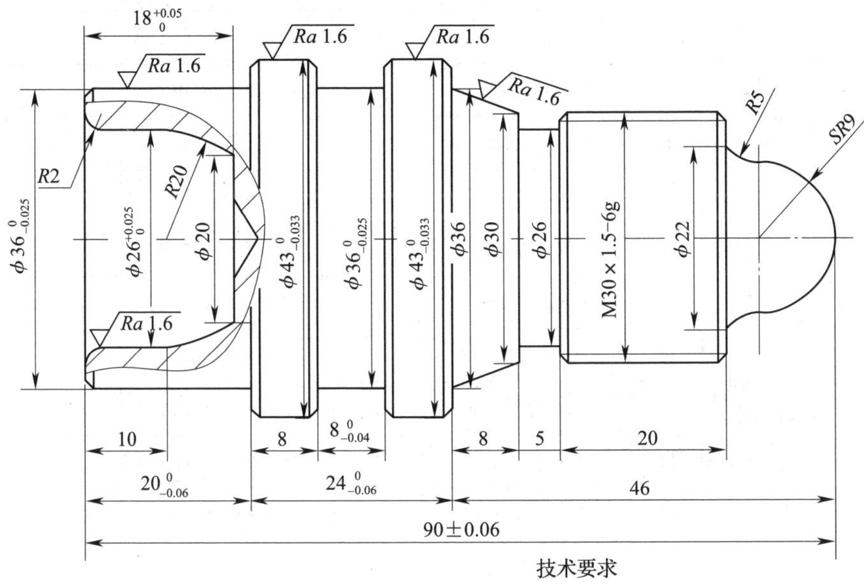

1.不允许使用砂布或锉刀修整表面。

2.未注倒角C1。

3.未注公差尺寸按IT14标准执行。

$\sqrt{Ra\ 3.2}$ ($\sqrt{}$)

图 6—2

表 6—2　　　　中级数控车工应会试题 2 评分表

工件编号				总得分			
项目与配分		序号	技术要求	配分	评分标准	检测记录	得分
工件加工评分（80%）	外形轮廓（60）	1	$\phi43_{-0.033}^{0}$ mm	6×2	超差 0.01 mm 扣 2 分		
		2	$\phi36_{-0.025}^{0}$ mm	6×2	超差 0.01 mm 扣 2 分		
		3	$20_{-0.06}^{0}$ mm	3	超差 0.01 mm 扣 1 分		
		4	$8_{-0.04}^{0}$ mm	5	超差 0.01 mm 扣 1 分		
		5	$24_{-0.06}^{0}$ mm	3	超差 0.01 mm 扣 1 分		
		6	*R*5 mm、*SR*9 mm	2×2	超差全扣		
		7	（90±0.06）mm	6	超差 0.01 mm 扣 1 分		
		8	*Ra*1.6 μm	4	每错一处扣 1 分		
		9	*Ra*3.2 μm	5	每错一处扣 0.5 分		
		10	M30×1.5－6g	6	超差全扣		
	内轮廓（13）	11	$\phi26_{0}^{+0.025}$ mm	5	超差 0.01 mm 扣 2 分		
		12	$18_{0}^{+0.05}$ mm	3	超差 0.02 mm 扣 1 分		
		13	*R*2 mm、*R*20 mm	2×2	超差全扣		
		14	*Ra*1.6 μm	1	超差全扣		
	其他（7）	15	一般尺寸 IT14	2	每错一处扣 0.2 分		
		16	倒角	2	每错一处扣 0.5 分		
		17	工件按时完成	1.5	未按时完成全扣		
		18	工件无缺陷	1.5	缺陷一处扣 1.5 分		
程序与工艺（10%）		19	程序正确合理	5	每错一处扣 2 分		
		20	加工工序卡正确合理	5	不合理每处扣 2 分		
机床操作（10%）		21	机床操作规范	5	出错一次扣 2 分		
		22	工件、刀具装夹正确	5	出错一次扣 2 分		
安全文明生产（倒扣分）		23	安全操作	倒扣	安全事故停止操作或酌情扣 5～30 分		
		24	机床整理	倒扣			

中级数控车工应会试题 3

加工如图 6—3 所示工件（毛坯为 ϕ50 mm×70 mm 的 45 钢），钻出 ϕ18 mm 的通孔，试编写其数控车加工程序。评分表见表 6—3。

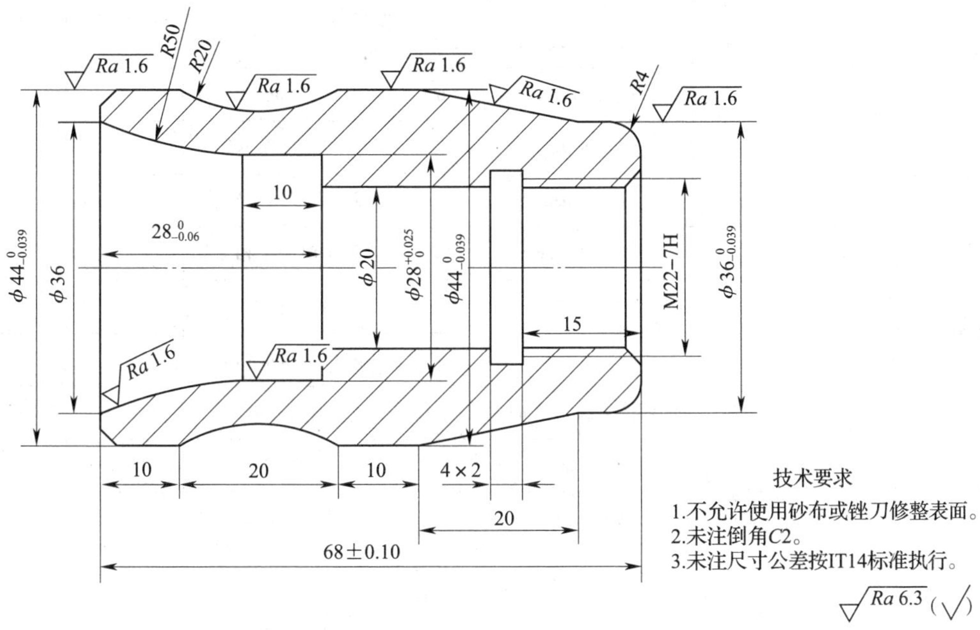

图 6—3

表 6—3　　中级数控车工应会试题 3 评分表

工件编号				总得分		
项目与配分		序号	技术要求	配分	评分标准	检测记录	得分
工件加工评分（75%）	外形轮廓（37）	1	$\phi44_{-0.039}^{0}$ mm	6×2	超差 0.01 mm 扣 2 分		
		2	$\phi36_{-0.039}^{0}$ mm	6	超差 0.01 mm 扣 2 分		
		3	锥度正确	3	超差全扣		
		4	$R4$ mm、$R20$ mm	2×2	超差全扣		
		5	（68 ±0.10）mm	6	超差 0.01 mm 扣 1 分		
		6	$Ra1.6$ μm	5	每错一处扣 1 分		
		7	$Ra6.3$ μm	1	每错一处扣 0.5 分		
	内轮廓（28）	8	$\phi28_{0}^{+0.025}$ mm	6	超差 0.01 mm 扣 2 分		
		9	M22 −7H	10	超差全扣		
		10	$28_{-0.06}^{0}$ mm	3	超差 0.02 mm 扣 1 分		
		11	内切槽 4 mm×2 mm	3	超差全扣		
		12	$R50$ mm	2	超差全扣		
		13	$Ra1.6$ μm	2	每错一处扣 1 分		
		14	$Ra6.3$ μm	2	每错一处扣 0.5 分		
	其他（10）	15	一般尺寸 IT14	3	每错一处扣 1 分		
		16	倒角	1	每错一处扣 0.5 分		
		17	工件按时完成	3	未按时完成全扣		
		18	工件无缺陷	3	缺陷一处扣 3 分		
程序与工艺（15%）		19	程序正确合理	10	每错一处扣 2 分		
		20	加工工序卡正确合理	5	不合理每处扣 2 分		
机床操作（10%）		21	机床操作规范	5	出错一次扣 2 分		
		22	工件、刀具装夹正确	5	出错一次扣 2 分		
安全文明生产（倒扣分）		23	安全操作	倒扣	安全事故停止操作或酌情扣 5～30 分		
		24	机床整理	倒扣			

中级数控车工应会试题 4

加工如图 6—4 所示工件（毛坯为 ϕ50 mm × 92 mm 的 45 钢），已钻出 ϕ18 mm 的孔，试编写其数控车加工程序。评分表见表 6—4。

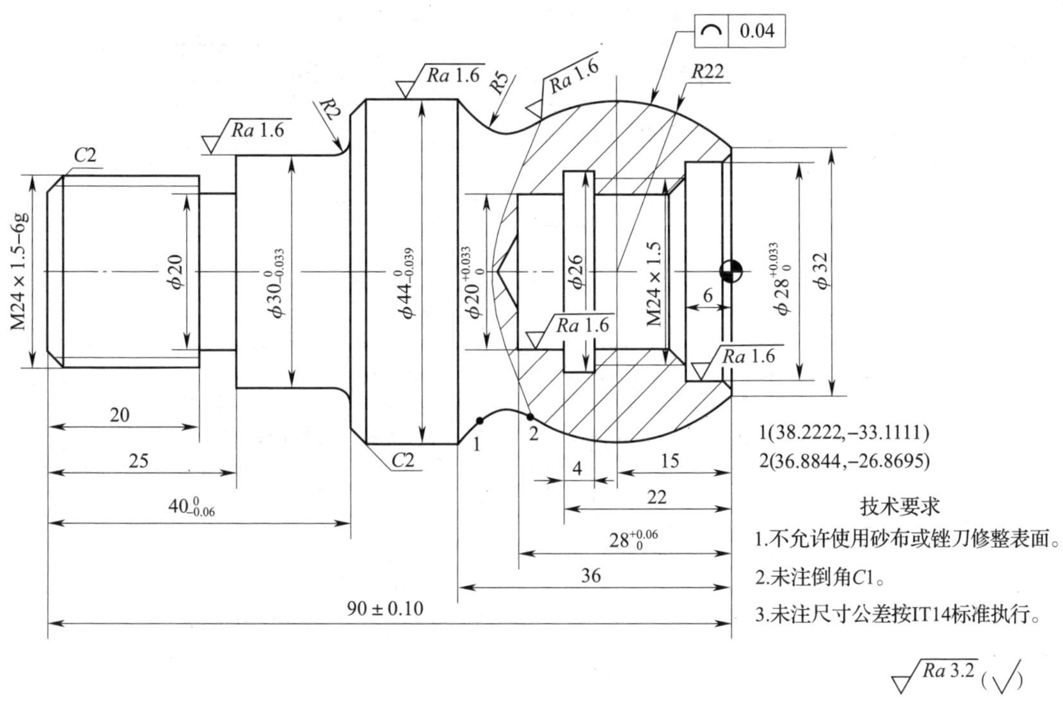

图 6—4

表 6—4 **中级数控车工应会试题 4 评分表**

工件编号				总得分			
项目与配分		序号	技术要求	配分	评分标准	检测记录	得分
工件加工评分（75%）	外形轮廓（40）	1	$\phi44_{-0.039}^{0}$ mm	5	超差 0.01 mm 扣 2 分		
		2	$\phi30_{-0.033}^{0}$ mm	5	超差 0.01 mm 扣 2 分		
		3	M24 × 1.5 − 6g	5	超差 0.01 mm 扣 2 分		
		4	切槽 5 mm × ϕ20 mm	3	超差全扣		
		5	线轮廓度 0.04 mm	3	超差 0.01 mm 扣 1 分		
		6	$40_{-0.06}^{0}$ mm	3	超差 0.02 mm 扣 1 分		
		7	R2 mm、R5 mm、R22 mm	2 × 3	超差全扣		
		8	（90 ± 0.10）mm	5	超差 0.01 mm 扣 1 分		
		9	Ra1.6 μm	3	每错一处扣 1 分		
		10	Ra3.2 μm	2	每错一处扣 0.5 分		
	内轮廓（25）	11	$\phi28_{0}^{+0.033}$ mm	5	超差 0.01 mm 扣 2 分		
		12	$\phi20_{0}^{+0.033}$ mm	5	超差 0.01 mm 扣 2 分		
		13	M24 × 1.5	5	超差全扣		
		14	$28_{0}^{+0.06}$ mm	3	超差 0.02 mm 扣 1 分		
		15	内切槽 4 mm × ϕ26 mm	3	超差全扣		
		16	Ra1.6 μm	2	每错一处扣 1 分		
		17	Ra3.2 μm	2	每错一处扣 0.5 分		
	其他（10）	18	一般尺寸 IT14	3	每错一处扣 1 分		
		19	倒角	1	每错一处扣 0.5 分		
		20	工件按时完成	3	未按时完成全扣		
		21	工件无缺陷	3	缺陷一处扣 3 分		
程序与工艺（15%）		22	程序正确合理	10	每错一处扣 2 分		
		23	加工工序卡正确合理	5	不合理每处扣 2 分		

续表

<table>
<tr><th>项目与配分</th><th>序号</th><th>技术要求</th><th>配分</th><th>评分标准</th><th>检测记录</th><th>得分</th></tr>
<tr><td rowspan="2">机床操作
（10%）</td><td>24</td><td>机床操作规范</td><td>5</td><td>出错一次扣 2 分</td><td></td><td></td></tr>
<tr><td>25</td><td>工件、刀具装夹正确</td><td>5</td><td>出错一次扣 2 分</td><td></td><td></td></tr>
<tr><td rowspan="2">安全文明生产
（倒扣分）</td><td>26</td><td>安全操作</td><td>倒扣</td><td rowspan="2">安全事故停止操作或酌情扣 5 ~ 30 分</td><td></td><td></td></tr>
<tr><td>27</td><td>机床整理</td><td>倒扣</td><td></td><td></td></tr>
</table>

中级数控车工应会试题 5

加工如图 6—5 所示工件（毛坯为 ϕ60 mm × 100 mm 的 45 钢），已钻出 ϕ20 mm 的孔，试编写其数控车加工程序。评分表见表 6—5。

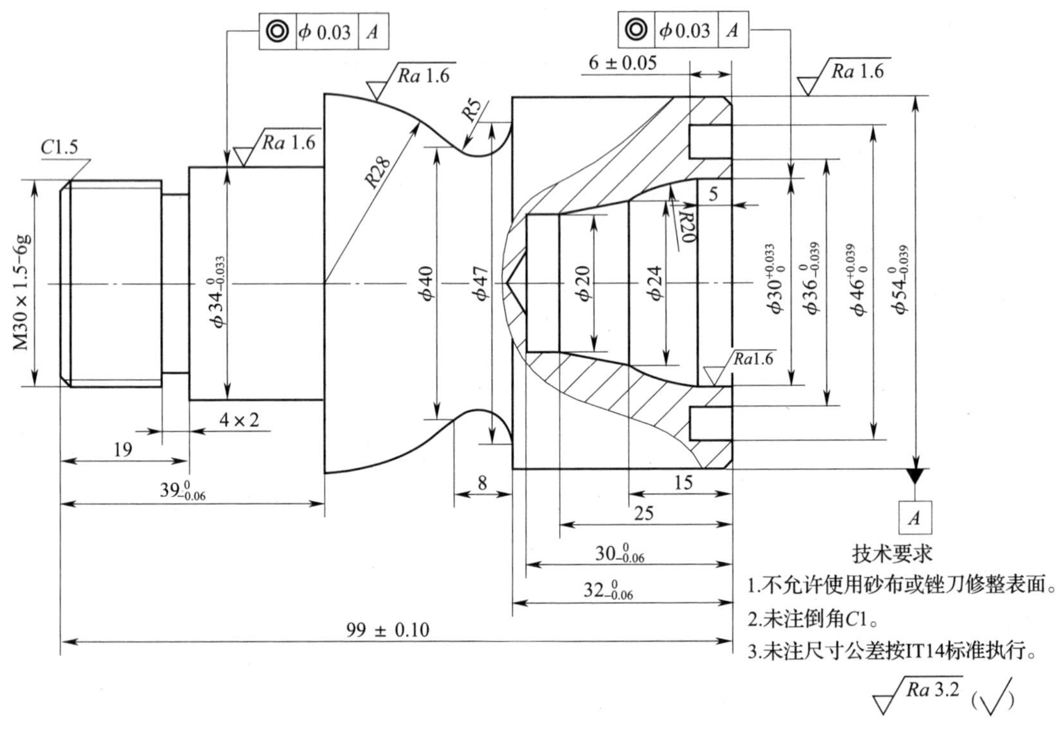

图 6—5

表 6—5　　　　　　　　　中级数控车工应会试题 5 评分表

<table>
<tr><td colspan="2">工件编号</td><td colspan="2"></td><td colspan="2">总得分</td><td colspan="2"></td></tr>
<tr><td colspan="2">项目与配分</td><td>序号</td><td>技术要求</td><td>配分</td><td>评分标准</td><td>检测记录</td><td>得分</td></tr>
<tr><td rowspan="21">工件加工评分（80%）</td><td rowspan="14">外形轮廓（60）</td><td>1</td><td>$\phi 54_{-0.039}^{0}$ mm</td><td>5</td><td>超差 0.01 mm 扣 2 分</td><td></td><td></td></tr>
<tr><td>2</td><td>$\phi 34_{-0.033}^{0}$ mm</td><td>5</td><td>超差 0.01 mm 扣 2 分</td><td></td><td></td></tr>
<tr><td>3</td><td>$\phi 46_{0}^{+0.039}$ mm</td><td>5</td><td>超差 0.01 mm 扣 2 分</td><td></td><td></td></tr>
<tr><td>4</td><td>$\phi 36_{-0.039}^{0}$ mm</td><td>5</td><td>超差 0.01 mm 扣 2 分</td><td></td><td></td></tr>
<tr><td>5</td><td>M30 × 1.5 − 6g</td><td>5</td><td>超差全扣</td><td></td><td></td></tr>
<tr><td>6</td><td>切槽 4 mm × ϕ2 mm</td><td>3</td><td>超差全扣</td><td></td><td></td></tr>
<tr><td>7</td><td>同轴度 ϕ0.03 mm</td><td>3 × 2</td><td>超差 0.01 mm 扣 1 分</td><td></td><td></td></tr>
<tr><td>8</td><td>R28 mm、R5 mm</td><td>2 × 2</td><td>超差全扣</td><td></td><td></td></tr>
<tr><td>9</td><td>（6 ± 0.05）mm</td><td>5</td><td>超差 0.01 mm 扣 1 分</td><td></td><td></td></tr>
<tr><td>10</td><td>（99 ± 0.10）mm</td><td>5</td><td>超差 0.01 mm 扣 1 分</td><td></td><td></td></tr>
<tr><td>11</td><td>$39_{-0.06}^{0}$ mm</td><td>3</td><td>超差 0.02 mm 扣 1 分</td><td></td><td></td></tr>
<tr><td>12</td><td>$32_{-0.06}^{0}$ mm</td><td>3</td><td>超差 0.02 mm 扣 1 分</td><td></td><td></td></tr>
<tr><td>13</td><td>Ra1.6 μm</td><td>3</td><td>每错一处扣 1 分</td><td></td><td></td></tr>
<tr><td>14</td><td>Ra3.2 μm</td><td>3</td><td>每错一处扣 0.5 分</td><td></td><td></td></tr>
<tr><td rowspan="3">内轮廓（10）</td><td>15</td><td>$\phi 30_{0}^{+0.033}$ mm
Ra1.6 μm</td><td>4/1</td><td>超差 0.01 mm 扣 2 分</td><td></td><td></td></tr>
<tr><td>16</td><td>$30_{-0.06}^{0}$ mm</td><td>3</td><td>超差 0.02 mm 扣 1 分</td><td></td><td></td></tr>
<tr><td>17</td><td>R20 mm</td><td>2</td><td>超差全扣</td><td></td><td></td></tr>
<tr><td rowspan="4">其他（10）</td><td>18</td><td>一般尺寸 IT14</td><td>3</td><td>每错一处扣 1 分</td><td></td><td></td></tr>
<tr><td>19</td><td>倒角</td><td>1</td><td>每错一处扣 0.5 分</td><td></td><td></td></tr>
<tr><td>20</td><td>工件按时完成</td><td>3</td><td>未按时完成全扣</td><td></td><td></td></tr>
<tr><td>21</td><td>工件无缺陷</td><td>3</td><td>缺陷一处扣 3 分</td><td></td><td></td></tr>
<tr><td colspan="2" rowspan="2">程序与工艺（10%）</td><td>22</td><td>程序正确合理</td><td>5</td><td>每错一处扣 2 分</td><td></td><td></td></tr>
<tr><td>23</td><td>加工工序卡
正确合理</td><td>5</td><td>不合理每处扣 2 分</td><td></td><td></td></tr>
</table>

续表

项目与配分	序号	技术要求	配分	评分标准	检测记录	得分
机床操作（10%）	24	机床操作规范	5	出错一次扣 2 分		
	25	工件、刀具装夹正确	5	出错一次扣 2 分		
安全文明生产（倒扣分）	26	安全操作	倒扣	安全事故停止操作或酌情扣 5 ~ 30 分		
	27	机床整理	倒扣			

中级数控车工应会试题 6

加工如图 6—6 所示工件（毛坯为 ϕ60 mm × 122 mm 的 45 钢），已钻出 ϕ20 mm 的孔，试编写其数控车加工程序。评分表见表 6—6。

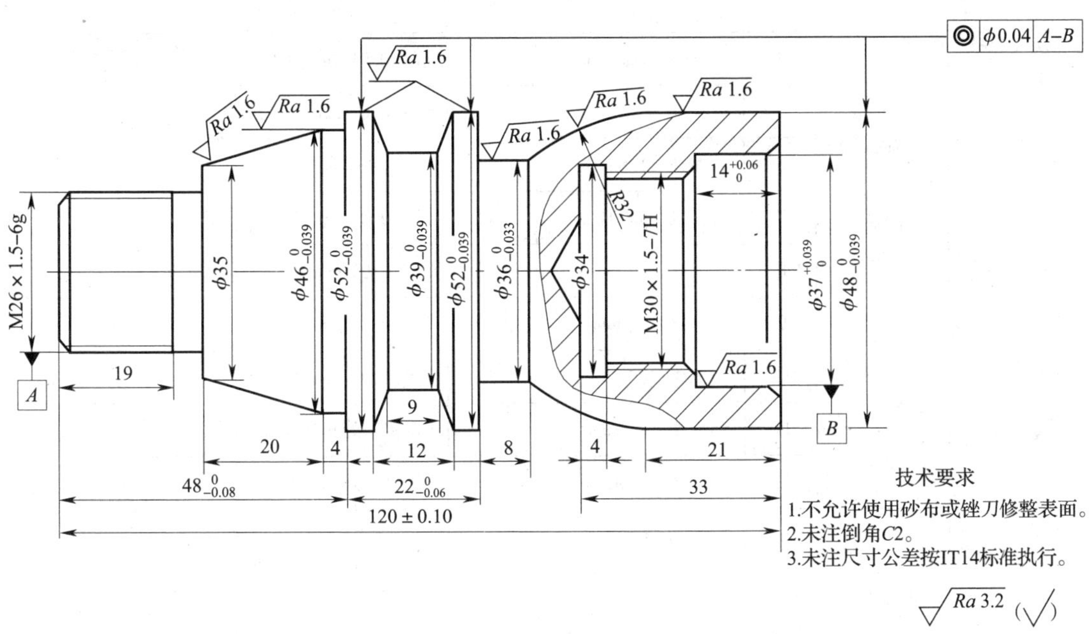

图 6—6

表 6—6　　　　　　　　　　　中级数控车工应会试题 6 评分表

工件编号				总得分			
项目与配分		序号	技术要求	配分	评分标准	检测记录	得分
工件加工评分（80%）	外形轮廓（56）	1	$\phi 52_{-0.039}^{0}$ mm	5×2	超差 0.01 mm 扣 2 分		
		2	$\phi 48_{-0.039}^{0}$ mm	5	超差 0.01 mm 扣 2 分		
		3	$\phi 46_{-0.039}^{0}$ mm	5	超差 0.01 mm 扣 2 分		
		4	$\phi 39_{-0.039}^{0}$ mm	5	超差 0.01 mm 扣 2 分		
		5	$\phi 36_{-0.033}^{0}$ mm	5	超差 0.01 mm 扣 2 分		
		6	M26×1.5－6g	5	超差全扣		
		7	同轴度 ϕ0.04 mm	3×2	超差 0.01 mm 扣 1 分		
		8	$22_{-0.06}^{0}$ mm	3	超差 0.02 mm 扣 1 分		
		9	$48_{-0.08}^{0}$ mm	3	超差 0.02 mm 扣 1 分		
		10	（120±0.10）mm	5	超差 0.01 mm 扣 1 分		
		11	$Ra1.6$ μm	3	每错一处扣 0.5 分		
		12	$Ra3.2$ μm	1	每错一处扣 0.5 分		
	内轮廓（14）	13	$\phi 37_{0}^{+0.039}$ mm $Ra1.6$ μm	5/1	超差 0.01 mm 扣 2 分		
		14	$14_{0}^{+0.06}$ mm	3	超差 0.02 mm 扣 1 分		
		15	M30×1.5－7H	5	超差全扣		
	其他（10）	16	一般尺寸 IT14	3	每错一处扣 1 分		
		17	倒角	1	每错一处扣 0.5 分		
		18	工件按时完成	3	未按时完成全扣		
		19	工件无缺陷	3	缺陷一处扣 3 分		
程序与工艺（10%）		20	程序正确合理	5	每错一处扣 2 分		
		21	加工工序卡正确合理	5	不合理每处扣 2 分		
机床操作（10%）		22	机床操作规范	5	出错一次扣 2 分		
		23	工件、刀具装夹正确	5	出错一次扣 2 分		
安全文明生产（倒扣分）		24	安全操作	倒扣	安全事故停止操作或酌情扣 5～30 分		
		25	机床整理	倒扣			